高等职业教育教材

化学实验室安全教育

HUAXUE SHIYANSHI
ANQUAN JIAOYU

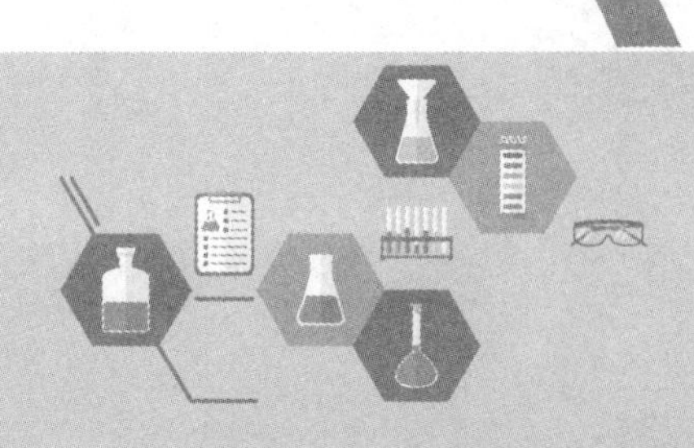

董相军◎主编

化学工业出版社
·北京·

内 容 简 介

《化学实验室安全教育》为新型活页式教材。本书全面贯彻党的教育方针，落实立德树人根本任务，有机融入了党的二十大精神。全书主要包括认识化学实验室、实验室防护、实验室水电安全管理、实验室消防安全、实验室危险化学品安全管理、实验室危险废物分类与处置、气体钢瓶使用安全管理、实验室仪器设备安全管理和实验事故应急处理9个项目。

本书可作为高等职业教育化工技术类专业及相关专业的教材，也可作为各类化工应用型人才及教师的参考书。

图书在版编目（CIP）数据

化学实验室安全教育 / 董相军主编. -- 北京 ：化学工业出版社，2024. 5. -- ISBN 978-7-122-44772-2

Ⅰ. O6-37

中国国家版本馆 CIP 数据核字第 20246LW807 号

责任编辑：熊明燕　提　岩　　　　文字编辑：崔婷婷
责任校对：宋　玮　　　　装帧设计：王晓宇

出版发行：化学工业出版社（北京市东城区青年湖南街13号　邮政编码100011）
印　　装：中煤（北京）印务有限公司
787mm×1092mm　1/16　印张9¾　字数228千字　2024年9月北京第1版第1次印刷

购书咨询：010-64518888　　　　售后服务：010-64518899
网　　址：http://www.cip.com.cn
凡购买本书，如有缺损质量问题，本社销售中心负责调换。

定　　价：38.00元

前言

党的二十大报告提出“统筹职业教育、高等教育、继续教育协同创新，推进职普融通、产教融合、科教融汇，优化职业教育类型定位。”把培养“大国工匠、高技能人才”作为人才强国战略的重要组成部分。高等职业教育是现代职业教育体系建设的重要组成部分，要面向产业，努力培养造就更多的“大国工匠、高技能人才”。

本书由青岛职业技术学院和青岛海湾化学股份有限公司、青岛斯八达分析测试有限公司校企合作、双元开发，基于真实工作岗位和典型工作任务设计教材内容，旨在使学生能够及时有效对接企业的新知识、新技术和新方法。

本书根据高等职业教育的生源特点，以实际工作过程为导向，以能力为本位，精心设计了认识化学实验室、实验室防护、实验室水电安全管理、实验室消防安全、实验室危险化学品安全管理、实验室危险废物分类与处置、气体钢瓶使用安全管理、实验室仪器设备安全管理和实验事故应急处理9个项目。

本书由青岛职业技术学院董相军担任主编，青岛职业技术学院张彩霞、梁利花、吴世芳担任副主编。具体编写分工为：项目一由梁利花编写；项目二由青岛斯八达分析测试有限公司马自强编写；项目三由张彩霞编写；项目四由青岛职业技术学院陈琰编写；项目五由董相军编写；项目六由潍坊职业学院张新文编写；项目七由青岛职业技术学院张璟编写；项目八由吴世芳编写；项目九由青岛职业技术学院赵宁编写。全书由董相军统稿，青岛职业技术学院王东担任主审。

由于编者水平所限，书中不足之处在所难免，敬请广大读者批评指正。

编者

2024年1月

目录

项目一 认识化学实验室

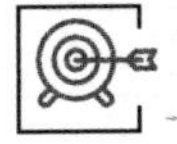

学习目标

知识目标

1. 了解实验室布局、仪器设备、化学品储存等概况。
2. 了解实验室管理制度和安全守则。
3. 了解实验室安全急救设施及相关知识。

能力目标

1. 能识别实验室安全标志。
2. 能遵守实验室管理规定。
3. 能快速找到实验室安全急救设施。

素质目标

1. 培养安全意识。
2. 培养防护意识。
3. 提升学习的积极性、主动性。

任务一 熟悉实验室环境

一、任务背景

化学实验室是进行化学教学及科学研究的重要场所，存有大量的仪器设备及化学试剂。进入实验室，不可避免地需要接触各种各样的化学试剂、常用仪器设备和特种设备、水电等。为了预防事故发生，国家有关部门对实验室的环境建设作了严格的规定。对于实验室新进人员，熟悉实验室环境、设备等条件设施，提高安全意识与操作能力是非常有必要的。

二、任务描述

熟悉实验室相关管理制度、安全疏散路线、安全警示标志、安全防护设施等。

三、任务分组

<table>
<tr><td>班级</td><td></td><td>组号</td><td></td><td>指导老师</td><td></td></tr>
<tr><td>组长</td><td></td><td>学号</td><td colspan="3"></td></tr>
<tr><td rowspan="4">组员</td><td>姓名</td><td>学号</td><td>姓名</td><td colspan="2">学号</td></tr>
<tr><td></td><td></td><td></td><td colspan="2"></td></tr>
<tr><td></td><td></td><td></td><td colspan="2"></td></tr>
<tr><td></td><td></td><td></td><td colspan="2"></td></tr>
<tr><td>任务分工</td><td colspan="5"></td></tr>
</table>

四、获取信息

引导问题 1：如何了解实验室的安全疏散路线？

引导问题 2：为防止火灾，实验室应配备哪几种消防器材？

引导问题 3：实验室应配备哪些防护设施？

五、工作计划

引导问题 4：查阅资料，个人提出在进入实验室前，应该熟悉的事项。

六、进行决策

引导问题 5：小组讨论，确定小组实验室熟悉事项。

____

____

____

七、工作实施

请练习实验室安全 3D 仿真软件中熟悉实验室模块。（得分：　　　　）

八、评价反馈

项目名称	评价内容	满分	评价			综合得分
			自评	互评	师评	
职业素养（40%）	积极参加教学活动，按时完成学生工作活页	20				
	团队合作、与人交流能力	20				
专业能力（60%）	正确操作软件中熟悉实验室模块	40	/	/	/	
	总结进入实验室前应熟悉的事项	20				

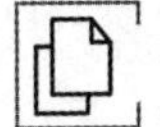

知识点提示

1. 安全疏散示意图

在火灾等突发状况下，应最大限度地引导人员疏散、减少人员伤亡、减少财产损失以及方便救援。认识并熟悉实验室安全疏散示意图（图 1-1）非常重要。

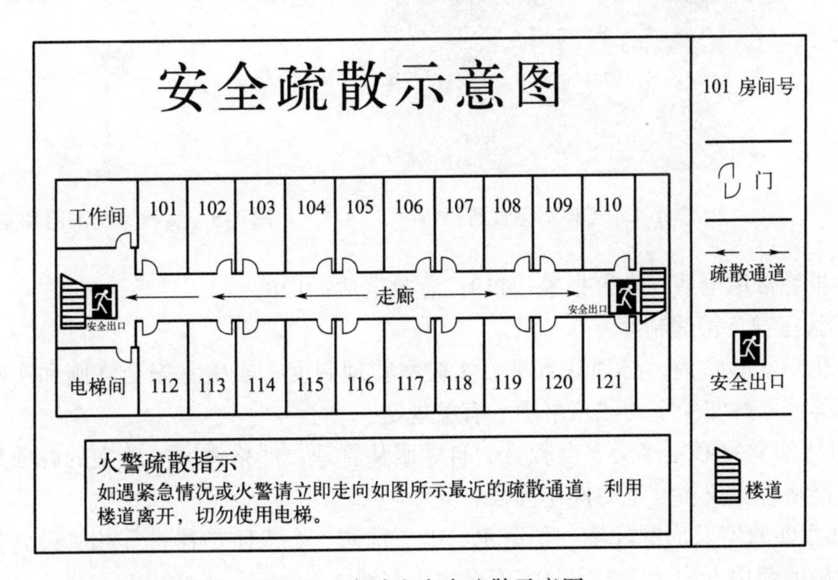

图 1-1　实验室安全疏散示意图

2. 消防器材

实验人员必须了解火灾种类，熟悉灭火器、灭火毯、消火栓（图 1-2）和防毒面具（图 1-3）的使用方法，掌握有关的灭火知识和技能。

图 1-2　实验室消火栓

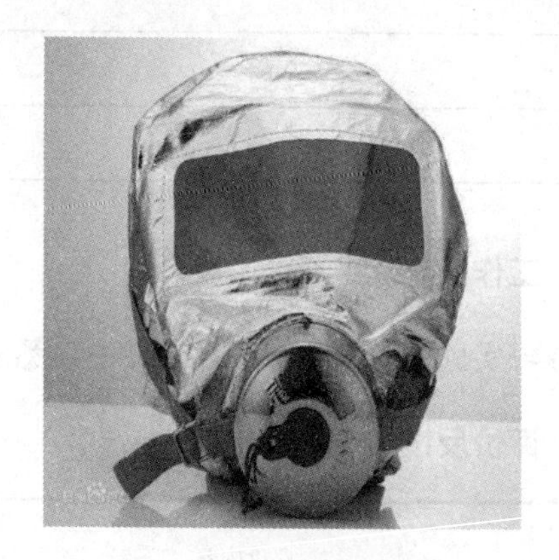

图 1-3　防毒面具

3. 应急处理设备

（1）急救药箱　急救药箱如图 1-4 所示。实验室配备急救药箱，可以在烧伤、烫伤时进行紧急现场处理，减少对伤员的伤害，从而起到保护化学类实验室的师生人身安全的作用。

（2）应急救援设备洗眼器和紧急喷淋　紧急喷淋、洗眼器是化学实验室标配的防护器具，如图 1-5 所示。

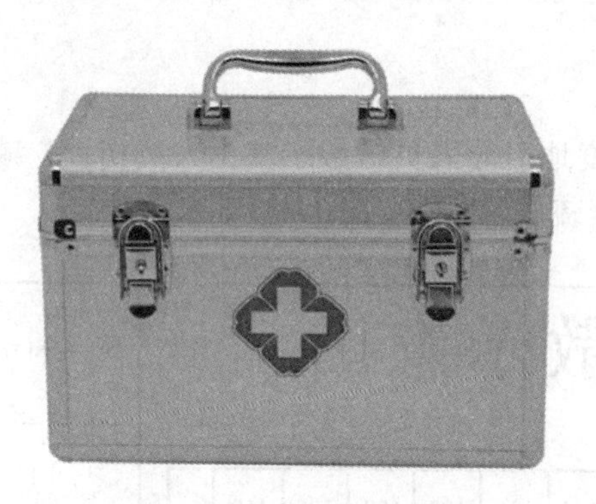

图 1-4　实验室急救药箱

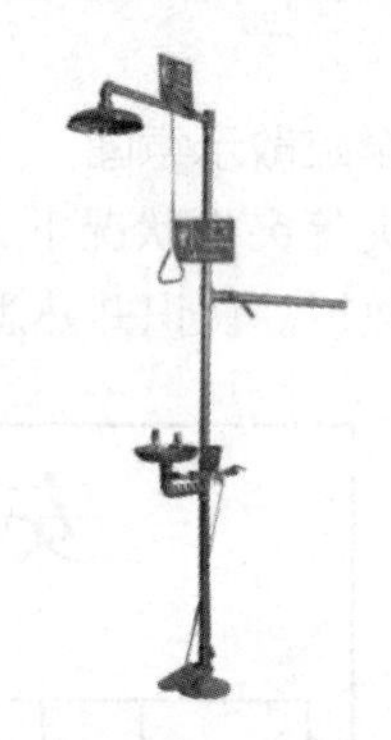

图 1-5　实验室洗眼器和紧急喷淋

（3）报警常用电话　火警报警：119；急救电话：120。

4. 实验室安全管理制度

进入化学实验室前，必须认真学习实验室管理制度、实验室安全守则和实验室事故应急措施等，了解实验室的注意事项、有关规定。

① 进入实验室必须接受安全教育，自觉服从管理，严格遵守实验室的各项规章制度和规定，严格遵守仪器设备的操作规程。

② 熟悉实验室及周围环境。了解水、电、消防、个人防护器材等相关设施位置，熟悉相关设施的使用方法。熟悉实验室安全逃生路线。

③ 进入实验室必须穿工作服。不能穿凉鞋、高跟鞋、拖鞋、裙子、短裤，不能佩戴长或下垂饰品，不能披散长发。

④ 开始任何实验操作前，必须认真预习实验内容，知晓实验目的、要求。需了解所有物理、化学、生物方面的潜在危险及相应的安全措施。使用化学药品前应先了解其化学危险等级、危险性质及事故应急处理预案。

⑤ 进行可能发生危险的实验时，要根据实验情况采取必要的安全措施，如戴防护眼镜、面罩或橡胶手套等。

⑥ 实验过程中，要严肃认真，规范操作，仔细观察，不得随便离开实验岗位。真实记录实验数据、结果以及所观察到的实验现象。保持室内空气流通，应打开门窗和换气设备。使用挥发性或有毒试剂的实验，要在通风橱中进行。

⑦ 任何试剂不能入口，不能带离实验室。严禁在实验室内吸烟或饮食。

⑧ 严格执行国家环境保护相关规定，不得随意排放废气、废液及丢弃废物。

⑨ 节约水电、试剂等实验耗材，爱护实验室的各种实验设备。

⑩ 实验结束，应将仪器设备整理好，实验现场清理干净。向有关人员交接清楚所使用物品，经指导教师同意后方可离开实验室。

任务二 安全色与安全标志认知

一、任务背景

安全标志和安全色是学生应掌握的最基础的安全知识，能够指示人们尽快逃离事故现场或者指示人们采取正确、有效的措施。

二、任务描述

制订在化学实验室张贴安全标志的计划。

三、任务分组

班级		组号		指导老师	
组长		学号			
组员	姓名	学号	姓名	学号	
任务分工					

四、获取信息

引导问题 1：学习《安全标志及其使用导则》（GB 2894—2008），了解安全色及安全标志。

____

____

____

五、工作计划

引导问题 2：到实验室巡查，个人提出化学实验室哪些地方需要张贴安全标志。

____

____

____

六、进行决策

引导问题 3：小组讨论，确定化学实验室哪些地方需要张贴安全标志。

____

____

____

七、评价反馈

项目名称	评价内容	满分	评价			综合得分
			自评	互评	师评	
职业素养（40%）	积极参加教学活动，按时完成学生工作活页	20				
	团队合作、与人交流能力	20				
专业能力（60%）	正确认识国家规定的安全色	20				
	总结实验室张贴安全标志种类	40				

知识点提示

1. 安全标志

实验室安全标志有禁止标志、警告标志、指令标志、提示标志，如图 1-6 所示。安全标志是用以表达特定的安全信息的标志，由图形符号、安全色、几何形状（边框）或文字等构成，形象、直观地向人们传达各种安全指示、禁令等信息。

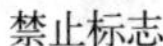

图 1-6　实验室安全标志

2. 安全色

安全色是表达安全信息的颜色，表示禁止、警告、指令、提示等意义。正确使用安全色，可以使人员能够对威胁安全和健康的物体和环境尽快作出反应，迅速发现或分辨安全标志，及时得到提醒，以防止事故发生。

国际标准化组织（ISO）和很多国家都对安全色的使用有严格规定。我国已制定了安全色国家标准（GB 2893—2008），规定用红色、蓝色、黄色、绿色作为全国通用的安全色，四种安全色的含义如下。

红色：传递禁止、停止、危险或提示消防设备、设施的信息。

蓝色：传递必须遵守规定的指令性信息。

黄色：传递注意、警告的信息。

绿色：传递安全的提示性信息。

GB 2893—2008《安全色》对安全色的含义及用途、照明要求、色度范围以及检查与维修等均作了具体规定。

3. 实验室安全标志安装规范

① 标志牌设置的高度，应尽量与人眼的视线高度相一致。安全标志的下缘距地面的高度不宜小于 2m。

② 安全标志设置于实验室内醒目地方，尽可能让实验内每个位置均能醒目看到。

③ 安全标志不应设在门、窗、架等可移动的物体上，以免标志牌随母体物体相应移动，影响识别。

④ 安全标志设置有一定的顺序要求，如图 1-7 所示，应按照禁止、警告、指令、提示类型的顺序（颜色上看顺序依次为红色、黄色、蓝色、绿色），先左后右、先上后下排列。

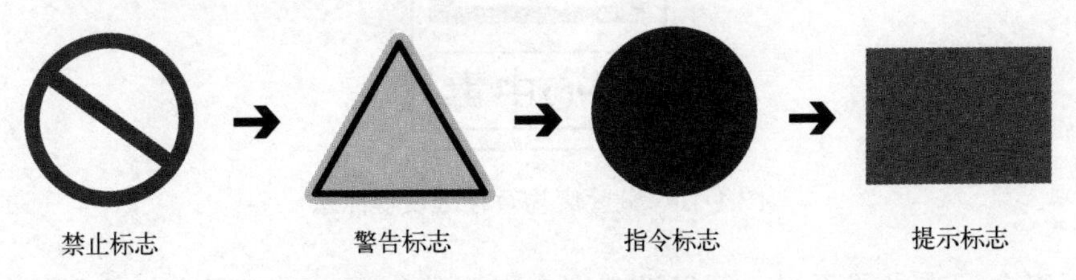

图 1-7　实验室安全标志设置顺序

⑤ 根据《图形符号　安全色和安全标志　第 5 部分：安全标志使用原则与要求》（GB/T 2893.5—2020）的规定，消防设备、急救点、洗眼器等设施处需张贴醒目提示标志，如图 1-8 所示。

⑥ 配电箱、加热设备、辐射设备等危险设备、危险区域旁需针对性设置安全标志，

以保障生产安全。如图 1-9 所示。

图 1-8　消防设备、急救点、洗眼器提示标志

图 1-9　配电箱、加热设备和辐射设备设置标志

⑦ 实验室危险废物暂存区应按照规定设置危险废物识别标志，如图 1-10 所示。

图 1-10　危险废物暂存区设置标志

注：安全标志设置不当，不仅没有安全提醒的作用，还会面临行政罚款，在新的《中华人民共和国固体废物污染环境防治法》第 112 条款中已明确指出。

项目二

实验室防护

典型案例

玻璃封管内加入氨水 20mL，硫酸亚铁 1g ，原料 4g，加热温度 160℃。当事人在观察油浴温度时，封管突然发生爆炸，整个反应体系被完全炸碎。当事人额头受伤，幸好当时戴了防护眼镜，双眼才没有受到伤害。

事故原因：玻璃封管不耐高压，且在反应过程中无法检测管内压力。氨水在高温下变为氨气和水蒸气，产生较大的压力，致使玻璃封管爆炸。

安全警示：化学实验有时需要在通风柜内进行，密闭系统和有压力的实验必须在特种实验室里进行。

学习目标

知识目标

1. 掌握实验室个人防护用品的种类。
2. 掌握实验室个人防护用品的性能。

能力目标

1. 会选择适合个人的防护用品。
2. 会正确使用个人防护用品。

素质目标

1. 培养安全意识。
2. 培养防护意识。

任务一 实验室个人防护

一、任务背景

在化学实验中，我们经常会接触各种各样的化学试剂和仪器设备，以及水、电、煤气，还会经常遇到高温、低温、高压、真空和带辐射源的实验条件，在实验过程中还有各种各样有毒有害、易燃易爆的气体、蒸气、烟雾等物质的产生。倘若缺乏必要的安全防护知识，很可能就会造成生命和财产的巨大损失。实验之前需要做好准备工作，其中个人防护方面尤其重要。

二、任务描述

制定在实验室使用有机溶剂 CCl_4 的个人防护方案。

三、任务分组

<table>
<tr><td>班级</td><td></td><td>组号</td><td></td><td>指导老师</td><td></td></tr>
<tr><td>组长</td><td></td><td>学号</td><td colspan="3"></td></tr>
<tr><td rowspan="4">组员</td><td>姓名</td><td>学号</td><td>姓名</td><td colspan="2">学号</td></tr>
<tr><td></td><td></td><td></td><td colspan="2"></td></tr>
<tr><td></td><td></td><td></td><td colspan="2"></td></tr>
<tr><td></td><td></td><td></td><td colspan="2"></td></tr>
<tr><td>任务分工</td><td colspan="5"></td></tr>
</table>

四、获取信息

引导问题 1：实验室头部防护用品有哪些？

____

____

引导问题 2：实验室眼面部防护用品有哪些？

____

____

引导问题 3：实验室呼吸系统防护用品有哪些？

____

____

引导问题 4：实验室手部防护用品有哪些？

____

____

引导问题 5：实验室足部防护用品有哪些？

____

____

五、工作计划

引导问题 6：查阅资料，个人制订实验室使用 CCl_4 的个人防护方案。

____

____

____

六、进行决策

引导问题 7：小组讨论，确定小组方案。

____

____

____

七、工作实施

请练习实验室安全 3D 仿真软件中个人防护模块。（得分：　　　　）

八、评价反馈

项目名称	评价内容	满分	评价			综合得分
			自评	互评	师评	
职业素养（40%）	积极参加教学活动，按时完成学生工作活页	20				
	团队合作、与人交流能力	20				
专业能力（60%）	正确操作软件中实验室个人防护模块	30	/	/	/	
	个人完成任务及小组讨论情况	30				

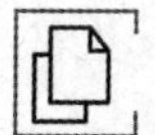

知识点提示

《个体防护装备配备规范 第 1 部分：总则》（GB 39800.1—2020）规定，个体防护装备是从业人员为防御物理、化学、生物等外界因素伤害所穿戴、配备和使用的护品的总称。

应根据辨识的作业场所危害因素和危害评估结果，结合个体防护装备的防护部位、防护功能、适用范围和防护装备对作业环境和使用者的适合性，选择合适的个体防护装备。

一、分类

《个体防护装备配备规范 第 1 部分：总则》（GB 39800.1—2020）中，个体防护装备按防护部位分为 8 类。

（1）头部防护　常用头部防护装备有安全帽、防静电工作帽等。

（2）眼面防护　常用眼面防护装备有焊接眼护具、激光防护镜、强光源防护镜、职业眼面部防护具等。

（3）听力防护　常用听力防护装备有耳塞、耳罩等。

（4）呼吸防护　常用呼吸防护装备有长管呼吸器、动力送风过滤式呼吸器、自给闭路式压缩氧气呼吸器、自给闭路式氧气逃生呼吸器、自给开路式压缩空气呼吸器、自给开路式压缩空气逃生呼吸器、自吸过滤式防毒面具、自吸过滤式防颗粒物呼吸器等。

（5）防护服装　常用防护服装有防电弧服、防静电服、职业用防雨服、高可视性警示服、隔热服、焊接服、化学防护服、抗油易去污防静电防护服、冷环境防护服、熔融金属飞溅防护服、微波辐射防护服等。

（6）手部防护　常用手部防护装备有带电作业用绝缘手套、防寒手套、防化学品手套、防静电手套、防热伤害手套、焊工防护手套、机械危害防护手套、电离辐射及放射性污染物防护手套等。

（7）足部防护　常用足部防护装备有安全鞋、防化学品鞋等。

（8）坠落防护　常用坠落防护装备有安全带、安全绳、缓冲器、缓降装置、连接器、水平生命线装置、速差自控器、自锁器、安全网、登杆脚扣、挂点装置等。

二、实验室常用个体防护装备

1. 头部防护：安全帽

《头部防护 安全帽》（GB 2811—2019）将安全帽定义为对使用者头部受坠落物或小型飞溅物体等其他特定因素引起的伤害起防护作用的帽，一般由帽壳、帽衬及配件等组成。

安全帽的选用要符合《头部防护　安全帽选用规范》（GB/T 30041—2013）要求。

（1）安全帽的结构　帽壳是安全帽的外壳。一般由壳体、帽舌、帽沿、顶筋等部分组成。承受打击，使坠落物与人体隔开。顶筋是用于增加帽壳顶部强度的结构。

帽衬，安全帽内部部件的总称，一般由帽箍、吸汗带、顶带、缓冲垫等组成。帽箍是围绕头围起固定作用的可调节带圈，使安全帽保持在头上一个确定的位置。吸汗带是附加在帽箍上的吸汗材料。顶带是与使用者头顶直接接触的衬带，保持帽壳的浮动，以便分散冲击力。下颏带，系在下颏上，辅助保持安全帽的状态和位置。缓冲垫，发生冲击时，减小冲击力。

（2）安全帽的分类　安全帽按性能分为普通型（P）和特殊型（T）。普通型安全帽是用于一般作业场所，具备基本防护性能的安全帽产品。特殊型安全帽是除具备基本防护性能外，还具备一项或多项特殊性能的安全帽产品，适用于与其性能相应的特殊作业场所。

（3）使用注意事项　在使用前一定要检查安全帽是否有裂纹、碰伤痕迹、凹凸不平、磨损（包括对帽衬的检查），安全帽上如存在影响其性能的明显缺陷就应及时报废，以免影响防护作用。

不能随意在安全帽上拆卸或添加附件，以免影响其原有的防护性能。

不能随意调节帽衬的尺寸。安全帽的内部尺寸如垂直间距、佩戴高度、水平间距，标准中是有严格规定的，这些尺寸直接影响安全帽的防护性能，使用者一定不能随意调节，否则，落物冲击一旦发生，安全帽会因佩戴不牢而脱出或因冲击触顶而起不到防护作用，直接伤害佩戴者。

使用时一定要将安全帽戴正、戴牢，不能晃动，要系紧下颏带，调节好后箍以防安全帽脱落。

不能私自在安全帽上打孔，不要随意碰撞安全帽，不要将安全帽当板凳坐，以免影响其强度。

受过一次强冲击或做过试验的安全帽不能继续使用，应予以报废。

安全帽不能放置在高温、日晒、潮湿或有酸、碱等化学试剂的场所，以免其老化或变质。

应注意使用在有效期内的安全帽。

2. 眼面防护：防护眼镜、防护面罩

（1）防护眼镜　防护眼镜（图 2-1），是一种起特殊作用的眼镜，通常由柔性塑料和橡胶制成，框架足够宽，可以覆盖使用者的眼睛。主要是防护眼睛和面部免受紫外线、红外线和微波等电磁波的辐射，粉尘、烟尘、金属和砂石碎屑以及化学溶液溅射的损伤。

图 2-1　防护眼镜

① 防护眼镜的分类。

防护眼镜主要分为三类：防固体破碎防护眼镜、化学液体防护眼镜和防辐射防护眼镜。

防固体破碎防护眼镜，主要用于防止金属或砂岩碎屑对眼睛造成的机械损伤。眼镜镜片和镜架应结构坚固，耐打击。框架由一个带通风孔的盖子边缘包围。防护镜片可以是钢化玻璃、胶接玻璃或铜丝网防护镜面。

化学液体防护眼镜，主要用于防止刺激性或腐蚀性溶液对眼睛造成化学损伤。可以用普通的平板镜片，镜框要盖好。

防辐射防护眼镜，用于防御紫外线、红外线等光辐射对眼睛的伤害。镜片由特殊玻璃制成，可以反射或吸收辐射，但可以透射一定的可见光。镜片涂有光亮的铬、镍、汞或银金属膜，可反射辐射。蓝色镜片吸收红外线，黄绿色镜片同时吸收紫外线和红外线，无色含铅镜片吸收 X 射线和 γ 射线。

② 使用注意事项。

防护眼镜为公共用品，应注意消毒，防止传染眼部疾病。

对于某些易溅、易爆等高危型实验操作，一般的防护眼镜防护能力不够，可以采取佩戴面罩、在通风橱操作等更有效的防护措施。

当防护眼镜表面有脏污时，不能用有机溶剂进行清洗或干布直接擦拭，防止镜片有划痕；用少量洗涤剂和清水冲洗。

图 2-2　防护面罩

当镜片有划痕、变形或破损时，必须及时进行更换。

近视眼镜不能替代防护眼镜。

隐形眼镜不可在实验时佩戴，由于其材质一般为硅水凝胶，很容易与实验室产生的腐蚀性挥发性物质发生反应，从而伤害我们的眼睛。

（2）防护面罩　防护面罩（图 2-2）是用来保护面部和颈部免受金属碎屑、有害气体、喷溅液体、金属和高温溶剂飞沫伤害的用具。

① 防护面罩的分类。防护面罩的种类较多，但按其用途大体可分为焊接面罩、防冲击面罩、防辐射面罩、防烟尘毒气面罩和隔热面罩等。防冲击面罩用来防护飞来物冲击等，实验室中可用来防止化学液体飞溅到面部。

② 使用注意事项。检查面罩的各个部分，是否有明显的伤痕、裂痕、刮痕，或是外观不正常的。检查面罩的各个部分，有没有螺丝钉松脱或是散架的地方。因为防护面罩与脸之间会有间隙，所以防护眼镜也能与防护面罩同时使用。

3. 呼吸系统防护：口罩、防毒面具

（1）口罩　实验室中常用的有医用外科口罩、活性炭口罩。

① 医用外科口罩。《医用外科口罩》（YY 0469—2011）规定，医用外科口罩（图 2-3）用于覆盖住使用者的口、鼻及下颌，为防止病原体微生物、体液、颗粒物等的直接透过提供物理屏障。

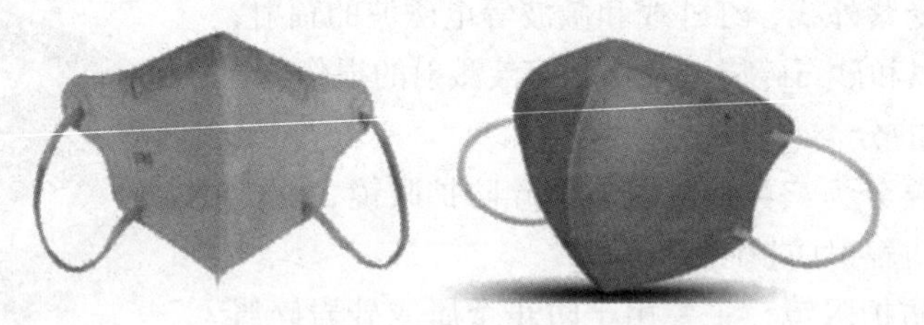

图 2-3　医用外科口罩

医用外科口罩以聚丙烯为主要原料，这些具有独特的毛细结构的超细纤维增加单位面积纤维的数量和表面积，从而使熔喷布具有很好的过滤性、屏蔽性。

一次性的医用外科口罩禁止重复使用。

② 活性炭口罩。活性炭口罩（图 2-4）过滤原理是通过口罩里面活性炭层的滤料，将有害气体吸附到空隙里。活性炭口罩滤料以两种形式为主：活性炭纤维布，活性炭颗粒。常用结构有两种：无纺布 + 活性炭纤维布 + 熔喷布；纱布 + 活性炭颗粒 + 脱脂纱布。活性炭过滤层的主要功用在于吸附有机气体、恶臭及毒性粉尘，并非单独用于过滤粉尘，过滤微细粉尘主要是靠超细纤维静电过滤布，也就是我们通常所说的无纺布和熔喷布配合使用。活性炭口罩集这几种材料于一体，具有防毒防尘功效。

图 2-4　活性炭口罩

活性炭口罩特别适用于含有有机气体、酸性挥发物等刺激性气体的场合，防毒、防异味效果显著。能有效阻止普通口罩不能起作用的 5 μm 以下的飘尘以及由呼吸道传播的多种病菌的传播，是医疗事业、化工事业、喷涂车间、皮革行业及环卫单位的理想防护用品。活性炭口罩比一般的普通口罩有更强大的吸附性，对于有害的气体、液体的过滤作用是普通口罩的 30 倍。

禁止在一氧化碳气体中使用，不要在有毒气体浓度很高的场所或密闭不通风的场所使用。

（2）防毒面具　防毒面具如图 2-5 所示。

图 2-5　防毒面具

《呼吸防护 自吸过滤式防毒面具》（GB 2890—2022）规定，自吸过滤式防毒面具是靠佩戴者自主呼吸克服部件阻力，防御有毒有害气体或蒸气、颗粒物（如毒烟、毒雾）等危害其呼吸系统或眼面部的净气式防护用品。

过滤式防毒面具是防毒面具最为常见的一种。过滤式防毒面具主要由面罩主体和滤毒件两部分组成，可根据接触的介质防护对象选择不同种类的滤毒件。过滤式防毒面具分全面罩和半面罩两类：

全面罩与面部密合，能遮盖住眼、面、鼻、口和下颌等。

半面罩与面部密合，能遮盖口和鼻，或覆盖口、鼻和下颌。

滤毒件的防毒原理：

滤毒件的装填物是由吸附剂层和过滤层两部分构成。其中，吸附剂层是过滤有毒蒸气的，过滤层是过滤有害气溶胶的。

① 吸附剂层的防毒原理。防毒面具的吸附剂层，采用的是载有催化剂或化学吸着剂的活性炭。这种活性炭通常称为浸渍活性炭或浸渍炭，或称为防毒炭或催化炭。浸渍活性炭通过以下 3 种作用来达到防毒目的。

a. 物理吸附作用。物理吸附是由吸附质与吸附剂分子间的力相互吸引而引起的，被吸附分子保持着原来的化学性质，无选择性，吸附和脱附速度较快。例如，活性炭对沙林、芥子气、氯等毒剂蒸气的吸收就是物理吸附。

b. 化学吸附作用。化学吸附是由吸附质与吸附剂分子之间以类似化学链的力相互吸引而引起的，吸附质与吸附剂形成表面化合物，有选择性，通常不可逆。

c. 催化作用。催化作用是指某些难被物理吸附和化学吸附的有毒蒸气，采用催化剂使之发生催化反应，可以显著提高化学反应速度。浸渍炭上发生的催化反应，主要是空气中的氧和水在催化剂的作用下与毒剂发生反应。

② 过滤层的防毒原理。过滤层是专门用来过滤有害气溶胶的。毒烟（固体微粒）、毒雾（液体微粒）、放射性灰尘和含细菌、病毒的微粒等，称为有害气溶胶。过滤层对有害气溶胶的过滤过程与气溶胶微粒的化学性质关系不大，主要与其物理性质、运动特性有关。

目前常用的玻璃纤维过滤层是由许多层纵横交错的纤维网格组成，气溶胶微粒通过时，总有机会接触到纤维而被阻留。

防毒面具使用注意事项：

a. 佩戴时如闻到毒气微弱气味，应立即离开有毒区域。

b. 有毒区域的氧气占体积的 18% 以下、有毒气体占总体积 2% 以上的地方，各型滤毒罐都不能起到防护作用。

c. 防毒面具的浸渍活性炭对毒气进行的物理吸附作用是可逆的，吸附和脱附速度都较快，所以在没有毒气或毒气浓度很低的环境中应摘下面具，避免吸入脱附下来的毒气。

4. 手部防护：防化学品手套

实验室最常用配置的手套为防化学品手套（简称防化手套），材质有聚乙烯、丁腈橡胶、聚氯乙烯（PVC）、乳胶等。不同材质的防化手套，可防护的化学品溶剂的防护等级不同。如果选择错误，则无法起到相应防护作用。实验人员应根据化学品的危险特性选择最合适的防护手套。

防化手套的材质（或表面涂层）都是典型的高分子材料，如丁腈橡胶、聚氯乙烯、丁基橡胶、聚乙烯醇、天然橡胶等。这类手套之所以能起到有效防护作用，首先是因为手套材质不能被接触到的化学试剂溶解而发生穿透。反之，试剂就会溶解手套并穿过手套而接触到手部皮肤。然而，即便是对于不能被某种试剂溶解的高分子材料，也未必能选作针对这种试剂的防护手套材质，这是因为小分子试剂可以通过分子扩散运动渗透进入高分子间，形成渗透现象；还有高分子在与试剂接触后可能发生降解现象，也会影响手套的防护性能。因此，防渗透性能和抗老化性能也是必须考虑的重要指标。即根据具体的使用场合，我们应该以不能被试剂溶解、有较长的渗透时间、较小的渗透速率以及良好的抗老化性能为选用原则。

（1）天然橡胶手套　具有极佳的灵活性和伸展性；能抗轻度磨损；对酸、碱、无机盐和乙醇溶液具有较好的防护；不耐油脂，对未经稀释的乙醛、酮类有较好的抵抗作用，但对苯、甲苯等芳香族化合物和四氢呋喃、四氯化碳、二硫化碳的防护较差，易分解和老化。

（2）丁腈手套　丁腈橡胶是人造橡胶，具备极佳的抗穿刺、磨损、钩破和切割的能力；对酸、碱、无机盐溶液、油脂类、四氯化碳和氯仿等溶剂的防护较好，但对有些酮类、苯和二氯甲烷等防护较差。

（3）氯丁橡胶手套　氯丁橡胶也是人造橡胶，抗穿刺、磨损、钩破和切割的能力不如丁腈橡胶；对酸、碱、酮和酯类防护性较好，但对芳香族和卤代烃等有机溶剂防护较差。

（4）聚氯乙烯（PVC）手套　聚氯乙烯手套具有较好的抗磨损、抗切割能力，但某些式样不耐割；对强酸、强碱和无机盐溶液防护较好，对酮类和苯、甲苯、二氯甲烷等有机溶剂防护较差。

（5）聚乙烯醇（PVA）手套　耐磨损、切割和刺穿；对脂肪族、芳香族（苯、甲苯等）、氯化溶剂（三氯甲烷等）、醚类和大部分酮类（丙酮除外）防护较好，但遇水、乙醇会溶解，不适用于无机酸、碱、盐溶液和含有乙醇的溶液。

注意事项：

① 佩戴前应仔细检查，确保手套无破损。

② 实验过程中需接触日常物品（笔、手机、门把手等），则应脱下防护手套，防止有

毒有害物质的污染扩散。

③ 人员在实验结束后，要使用中性的清洁剂反复清洗双手，使用后的防化手套统一集中处理，不能与其他垃圾混放。

5. 身体防护：实验服

普通化学实验中的实验服就是通常说的“白大褂”，如图 2-6 所示，要求是长袖、过膝，以棉或麻作为材料，颜色多为白色。进行危险实验时，应穿着专门的防护服。

注意事项：

不能穿着已污染的实验服进入食堂、办公室、宿舍等公共场所。

实验服应经常清洗，但不能外带到普通洗衣店或家中洗涤。

6. 足部防护：防化鞋

防化鞋（图 2-7）主要用于防止化工类物质对我们双脚的损害，尤其在遇到浓酸或者热酸等极端作业环境的时候，防化鞋可以起到很好的隔离效果，对于燃料或一定浓度的溶剂也都可以起到阻隔作用。因此，防化鞋被广泛应用于化工、机械等行业。

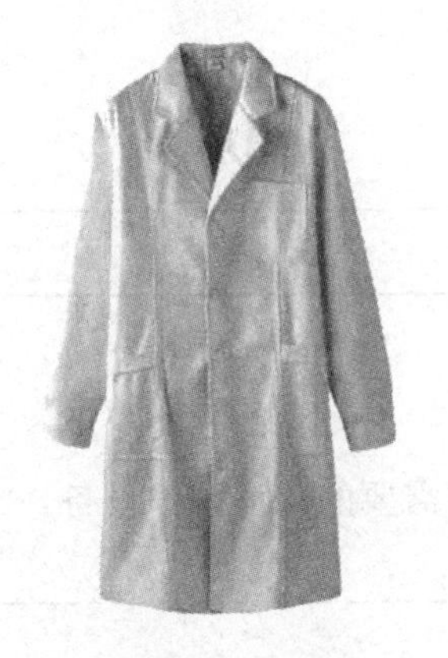

图 2-6　实验服

图 2-7　防化鞋

通常一般性的防护穿平底、防滑、合成皮或皮质的满口鞋。实验人员不得穿凉鞋、拖鞋、高跟鞋进入实验室。

任务二
实验室工程防护

一、任务背景

实验室相关人员在实验时应做好充足的人身防护工作，保证操作规范，同时实验室需要准备好必要的实验室工程防护设备，保证在事故发生时能最大程度降低风险。

二、任务描述

实验室配制硫酸溶液，请列出需要的工程防护设备，并总结使用注意事项。

三、任务分组

<table>
<tr><td>班级</td><td></td><td>组号</td><td></td><td>指导老师</td><td></td></tr>
<tr><td>组长</td><td></td><td>学号</td><td colspan="3"></td></tr>
<tr><td rowspan="5">组员</td><td>姓名</td><td>学号</td><td>姓名</td><td colspan="2">学号</td></tr>
<tr><td></td><td></td><td></td><td colspan="2"></td></tr>
<tr><td></td><td></td><td></td><td colspan="2"></td></tr>
<tr><td></td><td></td><td></td><td colspan="2"></td></tr>
<tr><td></td><td></td><td></td><td colspan="2"></td></tr>
<tr><td>任务分工</td><td colspan="5"></td></tr>
</table>

四、获取信息

引导问题 1：实验室工程防护设备有哪些？

____

____

五、工作计划

引导问题 2：在实验室配制硫酸溶液，个人列出需要的工程防护设备。

____

____

六、进行决策

引导问题 3：小组讨论、总结实验室配制硫酸溶液需要的工程防护设备，并总结使用注意事项。

____

____

____

七、工作实施

引导问题 4：分组展示，确定最终方案。

____

____

____

八、评价反馈

项目名称	评价内容	满分	评价			综合得分
			自评	互评	师评	
职业素养（40%）	积极参加教学活动，按时完成学生工作活页	20				
	团队合作、与人交流能力	20				
专业能力（60%）	个人完成任务及小组讨论情况	30				
	分组展示情况	30				

知识点提示

一、通风橱

使用强酸、强碱及挥发有害性气体的试剂时，要在通风橱（图 2-8）进行操作，它可以在发生飞溅或爆炸等意外事件时，对操作人员提供保护。

1. 操作方法

（1）按下控制面板开关按钮。

（2）打开照明和风机开关。

（3）使用完毕后，及时将通风橱内清理干净。

（4）关闭照明、风机开关。

（5）关闭电源。

2. 注意事项

（1）虽然有通风橱的保护，但操作人员也要穿工作服，戴防护手套和防护眼镜。

（2）实验过程中，要将视窗开至离台面 10～15cm，最大程度保护操作人员。

（3）实验物品、器材放置在通风橱内时，应距离调节门内侧 15cm 左右，以确保排气顺畅。

（4）通风橱内应避免放置过多非必要物品、器材，以免干扰空气的正常流动，造成湍流。

（5）因为通风橱内会聚集污染物质，所以操作人员不可以在实验进行中将头伸进通风橱内，避免吸入污染的空气。

图 2-8　通风橱

（6）当通风橱内开始产生污染物质时，操作人员必须慢慢地接近或离开通风橱，因为快速的移动将会造成靠近通风橱前开口处的气流产生扰动，而带出橱内的污染物质。

（7）通风橱内不得摆放易燃易爆物品；严禁在通风橱内进行爆炸性实验。

（8）开启通风橱前，应打开实验室进风通道（门、窗等）。如果在开启风机的情况下关闭门窗，将会对室内造成较大负压，导致空气流量很小，有害气体不能及时排出，下水道内污浊气体被抽入室内，造成新的污染。

二、紧急喷淋、洗眼器

紧急喷淋、洗眼器是实验室标配的防护器具，常用于接触酸、碱和有机物等的场所。当眼睛受到化学危险品伤害时，可先用洗眼器对眼睛进行紧急冲洗。当大量化学品溅洒到身上时，可先用紧急喷淋进行全身喷淋。进一步的处理和治疗需要遵从医生的指导，避免或减少不必要的意外。

洗眼器按结构不同分为：立式洗眼器、复合式洗眼器三类。立式洗眼器一般安装在实验室水池旁，复合式洗眼器一般安装在实验室门口。

1. 洗眼器

洗眼器使用步骤见图 2-9。

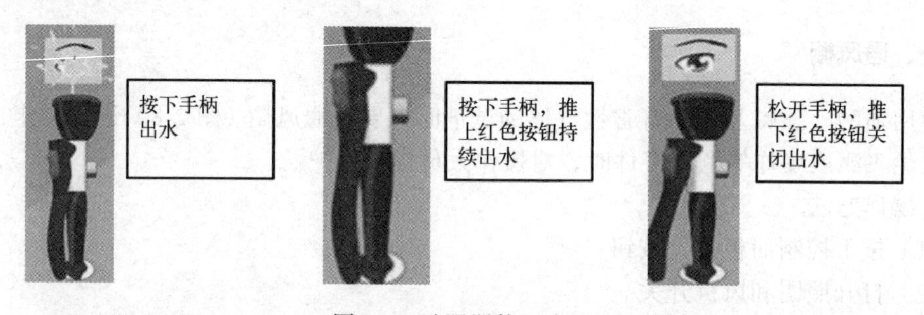

图 2-9　洗眼器使用步骤

注意事项：

（1）洗眼器要保证水压充足，每周定期检查，防止管道生锈，喷出脏水。

（2）洗眼器用于紧急情况下，暂时减缓有害物质对身体的侵害，进一步处理缓解需听从医生的指导。

（3）洗眼器要注重日常保养，定期检查，如发现不出水或者阀门故障，要及时报修。

2. 紧急喷淋

紧急喷淋有洗眼器和喷淋器两套装置（如图 1-5 所示），既可用于眼部、面部紧急冲洗，也可用于全身淋洗。使用喷淋器时，要站在喷头下方，拉下阀门拉手，清洁水会自动从喷头喷出。喷淋之后立即上推阀门拉手关闭喷淋。

注意事项：

（1）紧急喷淋装置水管总阀处于常开状态。

（2）喷淋头下方无障碍物。

（3）不能以普通淋浴装置代替紧急喷淋装置。

项目三

实验室水电安全管理

典型案例

案例：某大学学生触电事故

事故经过：

2005 年 1 月 4 日上午 10 点左右，某大学大二学生在电工实验室进行专业实验，实验名称为“三相异步电动机的继电接触控制（一）”，实验电压 380V，每个学生一个实验台。11 点半左右，一部分学生做完实验后离开了实验室，实验室剩下不到 20 人，一名学生回头时正好看到倒数第二排的曹某双手与实验电路相连，嘴张着却说不出话来，五六秒后倒在了身后的椅子上，双手与电路脱离，随后曹某站起身来往走廊迈了一小步，倒在了地上。这时其他同学都跑了过去，发现其手心有一块内黄外黑，同时闻到有蛋白质烧焦的味道，校医务室人员赶到后给曹某戴上氧气罩，并派救护车送往医院。下午 1 点左右，曹某经抢救无效死亡。

事故原因：

1. 学生实验过程中不慎触电。
2. 实验过程中无指导教师监管，学生触电未被及时发现。

安全警示：

1. 指导教师在实验课上须详细讲解注意事项，防止学生误操作造成意外。
2. 指导教师须现场监管学生做实验，不得脱岗。

学习目标

知识目标

1. 熟悉实验室用水的注意事项。
2. 熟悉实验室用电的注意事项。

能力目标

1. 能排查实验室用电隐患。
2. 能排查实验室用水隐患。

素质目标

1. 培养安全意识。
2. 培养规范用水、用电意识。

任务一 实验室用水安全认知

一、任务背景

自来水中所含物质按颗粒大小分为：悬浮物质、胶体物质、溶解物质（离子和分子）、有机物和水分子本身，可能会影响化学实验，需要通过不同的方法纯化，以满足不同实验需要。

二、任务描述

总结实验室蒸馏设备、冷凝装置、洗涤仪器和配制溶液所需水的种类。

三、任务分组

班级		组号		指导老师	
组长		学号			
组员	姓名	学号	姓名	学号	
任务分工					

四、获取信息

引导问题 1：实验室用水的分类有哪些？

引导问题 2：分析实验室纯水的等级有哪些？

五、工作计划

引导问题 3：查阅资料，个人提出任务中实验室蒸馏设备、冷凝装置、洗涤仪器和配制溶液所需水的种类。

____

____

____

六、进行决策

引导问题 4：小组讨论，确定小组方案。

____

____

____

七、工作实施

引导问题 5：分组展示，确定最终方案。

____

____

____

八、评价反馈

项目名称	评价内容	满分	评价			综合得分
			自评	互评	师评	
职业素养（40%）	积极参加教学活动，按时完成学生工作活页	20				
	团队合作、与人交流能力	20				
专业能力（60%）	任务完成情况	60				

知识点提示

一. 实验室水的分类

1. 蒸馏水（distilled water）

实验室最常用的一种纯水，设备虽便宜，但极其耗能和费水且出纯水速度慢，应用会逐渐减少。蒸馏水能去除自来水内大部分的污染物，但挥发性的杂质无法去除，如二氧化碳、氨、二氧化硅以及一些有机物。新鲜的蒸馏水是无菌的，但储存后细菌易繁殖；此外，储存的容器也很讲究，若是非惰性的物质，离子和容器的塑形物质会析出造成二次污染。

2. 去离子水（deionized water）

应用离子交换树脂去除水中的阴离子和阳离子，但水中仍然存在可溶性的有机物，可以污染离子交换柱从而降低其功效，去离子水存放后也容易引起细菌的繁殖。

3. 反渗水（reverse osmosis water）

其生成的原理是水分子在压力的作用下，通过反渗透膜成为纯水，水中的杂质被反渗透膜截留排出。反渗水克服了蒸馏水和去离子水的许多缺点，利用反渗透技术可以有效地去除水中的溶解盐、胶体，细菌、病毒、细菌内毒素和大部分有机物等杂质，但不同厂家生产的反渗透膜对反渗水的质量影响很大。

4. 超纯水（ultra-pure water）

其标准是水电阻率为18.2MΩ·cm。但超纯水在TOC（总有机碳）、细菌、内毒素等指标方面并不相同，要根据实验的要求来确定，如细胞培养则对细菌和内毒素有要求，而HPLC（高效液相色谱法）则要求TOC低。

二. 评价水质的常用指标

1. 电阻率（electrical resistivity）

衡量实验室用水导电性能的指标，单位为MΩ·cm，随着水内无机离子的减少，电阻逐渐变大。

2. 总有机碳（total organic carbon，TOC）

水中碳的浓度，反映水中氧化的有机化合物的含量，单位为mg/L或μg/L。

3. 内毒素（endotoxin）

革兰氏阴性细菌的脂多糖细胞壁碎片，又称之为“热原”，单位为cuf/mL。

三、分析实验室用水

分析实验室用水共分为三个级别：一级水、二级水和三级水（GB/T 6682—2008）。

1. 一级水

一级水用于有严格要求的分析试验，包括对颗粒有要求的试验。如高效液相色谱分析用水。

一级水可用二级水经过石英设备蒸馏或离子交换混合床处理后，再经0.2μm微孔滤膜过滤来制取。

2. 二级水

二级水用于无机痕量分析等试验，如原子吸收光谱分析用水。

二级水可用多次蒸馏或离子交换等方法制取。

3. 三级水

三级水用于一般化学分析试验。

三级水可用蒸馏或离子交换等方法制取。

任务二 实验室用电安全认知

一、任务背景

化学实验中常使用电炉、电热套、电动搅拌机等，操作不当，可能导致触电，对人身产生不可逆转的伤害，甚至对生命造成严重威胁。学习实验室避免触电的基本措施，具有重要的意义。

二、任务描述

总结避免触电的基本措施。

三、任务分组

班级		组号		指导老师	
组长		学号			
组员	姓名	学号	姓名	学号	
任务分工					

四、获取信息

引导问题 1：写出安全电压及其等级。

____

____

引导问题 2：常见的触电方式有哪些？

____

____

五、工作计划

引导问题 3：查阅资料，个人提出实验室防止触电的基本措施。

____

____

六、进行决策

引导问题 4：小组讨论，确定小组方案。

____

____

____

七、工作实施

引导问题 5：分组展示，最终确定方案。

____

____

____

八、评价反馈

项目名称	评价内容	满分	评价			综合得分
			自评	互评	师评	
职业素养（40%）	积极参加教学活动，按时完成学生工作活页	20				
	团队合作、与人交流能力	20				
专业能力（60%）	正确操作软件中实验室水电使用模块	40	/	/	/	
	其他任务完成情况	20				

知识点提示

一、安全电压

我国及 IEC（国际电工委员会）都对安全电压的上限值进行了规定，即工频下安全电压的上限值为 50V，其电压等级有 42V、36V、24V、12V、6V。

二、人体触电方式

人体组织中有 60% 以上是由含有导电物质的水分组成的，人体是导体，当人体接触设备的带电部分并形成电流通路时，就会有电流流过人体造成触电。触电是电流通过人体时对体内组织、神经系统造成的损害，严重时会危及生命。按照人体触电的方式可分为：单相触电、两相触电、跨步触电三种类型。

1. 单相触电

单相触电是指人站在地面或其他接地导体上，身体某一部位触及带电体造成的触电事故。

以 220V 电为例，火线是高电位，零线和地线都是零电位，火线和零线（火线和地线）之间是 220V 的电压。图 3-1 是单手摸火线，火线和地线之间形成回路，电压是 220V，导致触电；如果人站在木凳上（绝缘体）单独触碰火线是不会触电的，因为没有形成回路。

那么图 3-1 中的人站在地上，单手摸零线会触电吗？在电器正常工作的情况下，火线和零线上的电流是一样的。同时零线和大地都是 0 电位不会形成电压。如图 3-2 所示，人体电阻约为 2000Ω，当单手触摸零线时我们可以理解为一个 2000Ω 的电阻和导线并联。导线的电阻可以忽略不计，此时的电阻是不起作用的，电流只会从导线上流过所以不会触电。

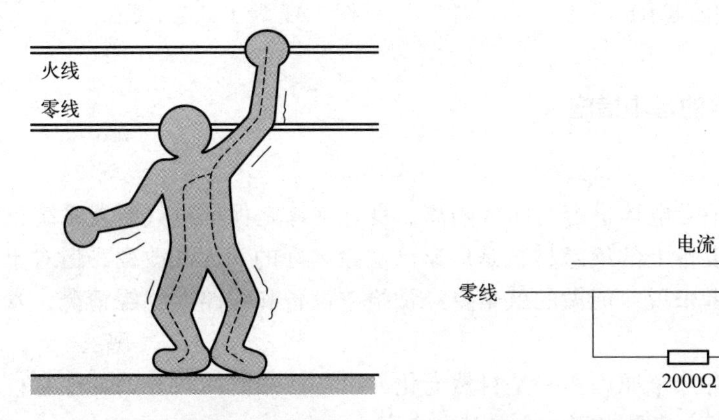

图 3-1　单相触电示意图　　图 3-2　人体和零线并联线路图

2. 两相触电

两相触电是指人体离开地面或接地导体，身体某两部位同时触及两相带电导体造成的触电事故。

图 3-3 中触电的原因是一手摸火线一手摸零线，火线和零线电压是 220V，人体在中间相当于负载，形成了回路，所以会触电。如果是 380V 电，相线与零线或地线电压为 220V，如果接触的两端都为相线，电压为 380V，电线线电压直接作用于人体，触电电流达到 100mA 以上，这种触电最为危险，后果更为严重。

3. 跨步触电

跨步触电是指人体进入地面带电区域，两脚之间承受电压造成的触电事故。当有电线断落在地面时，有强大的电流通过落地点流入大地，以此落地点为圆心，在周围形成一个强电场，产生电压降。

离电线断头越远，电位越低。如果此时有人走入这个区域，则会造成跨步触电，步幅越大，造成的危害也就越大（图 3-4）。

一旦误入跨步电压区时，宜采取的方式是单脚跳或双脚并拢跳跃法，快速跳出跨步电压区，但已知前方有带电电线落地时，为安全起见，切不可采取此方式前往观察或通过。一般来讲，在干燥区域内，20m 之外，跨步电压可降为零。

图 3-3 两相触电示意图

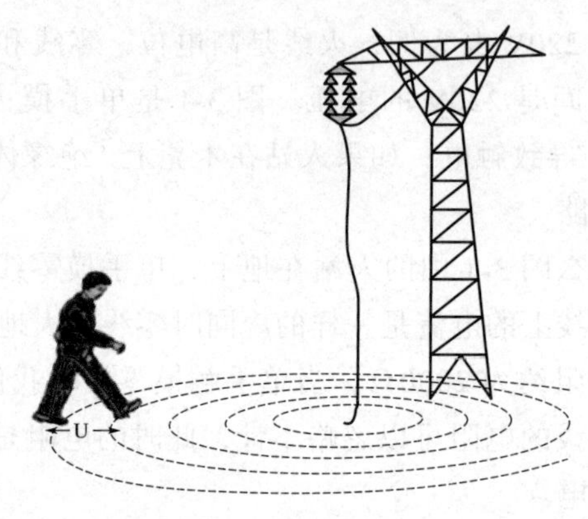

图 3-4 跨步触电示意图

三、防止人体触电的基本措施

1. 绝缘

指利用绝缘材料把带电体进行封闭或隔离，良好绝缘是保证电气装置系统正常运行的基本条件。实验室设备上的绝缘材料是厂家已经涂装好的，无法改变；但对于我们实验室管理人员或操作者来说，能做的就是要经常检查设备和线路的绝缘情况，发现问题及时汇报或处理。

绝缘被破坏可能有三个原因：一是自然老化，设备使用时间较长的要注意；二是化学物质腐蚀或机械磨损；三是击穿，主要是电击穿。

2. 屏护

屏护即采用遮栏、护罩、护盖、箱匣等把带电体同外界隔绝开来，以防止人体触及或接近。屏护装置应有足够的尺寸，应与带电体保持足够的安全距离。所用材料应有足够的机械强度和耐火性能，若采用金属材料，则必须可靠接地（接零）。高压设备不论是否有绝缘，均应采取屏护。

3. 保护接地

仪器设备外壳要良好接地。当电气设备一旦漏电或被击穿时，平时不带电的金属外壳和金属部件便带有电压，人体触及时就会发生危险。如果外壳接地，就会降低触电电压，减轻危险程度（图 3-5）。特别是大型仪器和电热设备更需要接地。

4. 安装漏电保护装置

漏电保护是目前比较先进和安全的技术措施。它的主要作用是：当电气设备或线路发生漏电或接地故障时，能在人体尚未触及之前把电源切断。万一人体不慎触电，也能在 0.1s 内切断电源，从而减轻电流对人体的伤害。特殊的用电环境、大型仪器设备等必须安装漏电保护器（图 3-6），有条件时一般用电设备最好也要装上。

5. 其他常识

其他一些防止触电的常识也应该高度重视，例如，操作电器时手必须干燥；不能用试电笔去试高压电；修理或安装电器设备时先切断电源；在必要时要在安全电压下工作等。

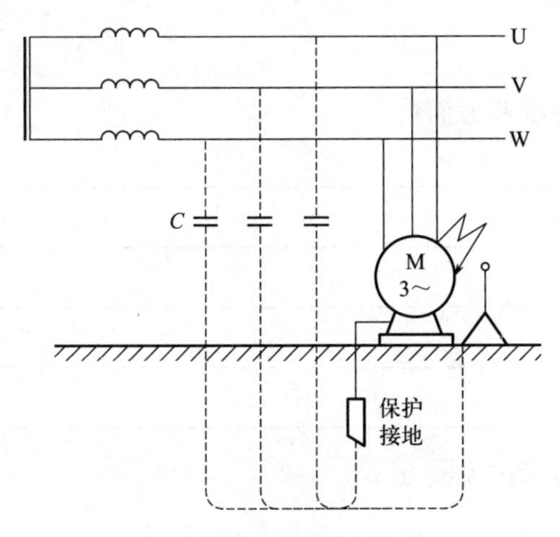

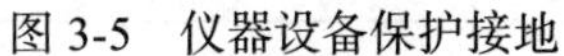
图 3-5　仪器设备保护接地

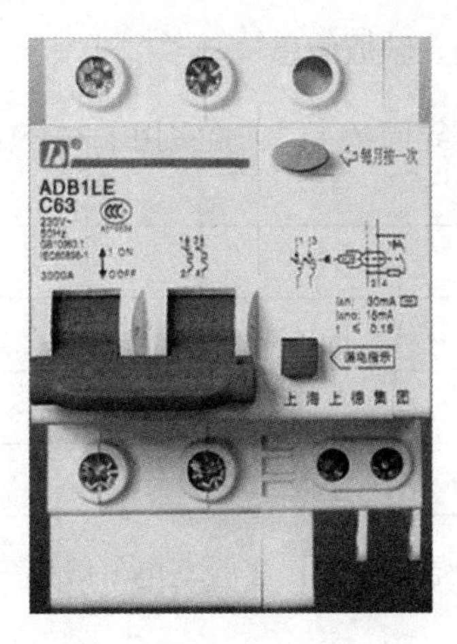

图 3-6　漏电保护器

任务三 实验室水电安全隐患排查

一、任务背景

由于化学实验室自身的特性，以及水、电在化学实验室分布的广泛性，使得安全用水、用电永远是化学实验室安全教育中的重要一环。不安全用水、用电所造成的事故，不但会造成设备的损坏、财产的损失，更会对人身产生不可逆转的伤害，甚至对生命造成严重威胁。因此，结合化学实验室的特点，学习安全用水、用电相关基础知识，对于保障实验教学、人才培养、科学研究工作的顺利进行，具有重要的现实意义。

二、任务描述

排查化学实验室中常见的水电安全隐患。

三、任务分组

班级		组号		指导老师	
组长		学号			
组员	姓名	学号	姓名	学号	
任务分工					

四、获取信息

引导问题 1：实验室用水安全应考虑哪些方面？

引导问题 2：实验室电气线路安全应考虑哪些方面？

五、工作计划

引导问题 3：个人提出实验室水电安全使用的注意事项。

六、进行决策

引导问题 4：小组讨论，确定小组方案。

七、工作实施

请练习实验室安全 3D 仿真软件中水电隐患排查模块。（得分：　　　　）

八、评价反馈

项目名称	评价内容	满分	评价			综合得分
			自评	互评	师评	
职业素养（40%）	积极参加教学活动，按时完成学生工作活页	20				
	团队合作、与人交流能力	20				
专业能力（60%）	正确操作软件中实验室水电隐患排查模块	30	/	/	/	
	其他任务完成情况	30				

知识点提示

一、实验室用水注意事项

① 水槽、地漏和下水道畅通，水龙头、上下水管无破损。

② 停水后，要检查水龙头是否都拧紧。开水龙头发现停水，要随即关上开关。

③ 有水溢出要及时处理，以防渗漏。

④ 用水设备的防冻保暖：室外水管、水龙头的防冻可用棉、麻织物或稻草绳子进行包扎。对已冰冻的水龙头、水表、水管，宜先用热毛巾包裹水龙头，然后浇温水，使水龙头解冻，再拧开水龙头，用温水沿水龙头慢慢向管子浇洒，使水管解冻。切忌用火烘烤。

⑤ 严禁往水斗中倾倒干冰和液氮。

⑥ 实训（验）室用自来水的水患多半由冷凝装置中胶管的老化、滑脱引起。因此这些胶管一般采用厚壁橡胶管，1 ～ 2 个月更换一次。

⑦ 冷凝装置用水的流量要合适，防止压力过高导致胶管脱落，节约用水。原则上晚上离开时关闭冷凝水。因晚间水压较白天大，如果夜间开冷凝水，则要将流量减小。

⑧ 在离开实训（验）室时要断水，确保用水仪器的安全。

⑨ 各楼层及实验室的各级水管总阀需有明显的标示。

⑩ 根据实验所需水的质量要求选择合适的水。洗刷玻璃器皿应先使用自来水，最后用纯水冲洗；色谱、质谱及生物实验（包括缓冲液配置、水栽培、微生物培养基制备、色谱及质谱流动相等）应选用超纯水。

⑪ 超纯水和纯水都不要存储，随用随取。若长期不用，在重新启用之前，要打开取水开关，使超纯水或纯水流出约几分钟后再接用。

二、实验室用电注意事项

1. 实验室线路

实验室线路要有动力电和照明电两个独立系统。单相电是三线制（相线、零线、地线），三相电是五线制（三根相线、一根零线和一根地线）。各实验台的分闸和照明灯的开关在配电箱内。所有动力电和照明电的电闸全部是空气开关，每一个回路都配有漏电保护器，某些特殊环境还需进行防爆处理。有条件时，还应该实施双路供电。

实验室新增仪器设备，尤其是大型仪器，要考虑室内配电总容量。如果容量不够，必须增容，以免过载。

2. 配电箱

配电箱是安全用电的重要部位，一旦发生事故，必须争取时间拉断电闸。所以，各实验室和办公室的配电箱应有明显的安全标志；配电箱前面不允许放置遮挡物，周围不应放置危险化学品、废液桶、烘箱、电炉、易燃易爆气瓶等；配电箱的金属箱体应与箱内保护零线或保护地线可靠连接。

3. 插头、插座和接线板

插头、插座与用电设备需匹配，不得私自改装；电源插座须有效固定；大型设备、电热设备都应使用三孔插座；插座上不能一次性连接过多的设备；大功率仪器（包括空调等）使用专用插座（不可使用接线板）；禁止多个接线板串联供电；接线板要放在绝缘物品上或台面上，不能放在地面上，以免漏水时发生短路；禁止使用有破损的接线板；不使用老国标的接线板。

4. 防爆开关、防爆灯

试剂库、有机实验室、危险废物暂存库等地方，由于易燃、易爆气体浓度过高，遇火可能会产生爆炸或火灾，所以必须安装防爆灯及防爆开关。防爆开关、防爆灯根据可能引起爆炸的工作环境不同，增加了防爆电气设备和保护装置。

项目四
实验室消防安全

典型案例

2019 年 2 月 27 日，某大学一实验室发生火灾，所幸未造成人员伤亡。

事故经过：

2019 年 2 月 27 日 0 时 42 分，某大学生物与制药工程学院楼 3 楼一实验室发出一阵响声，随后有明火蹿出窗户，火势迅速蔓延至 5 楼楼顶，整栋大楼浓烟滚滚，根本来不及灭火，学校报警后，市消防支队调派 9 辆消防车、43 名消防员赶赴现场，消防员用水枪喷射扑灭明火并降温，1 时 15 分火灾被控制，1 时 30 分火灾被扑灭，三层楼的外墙面被熏黑，窗户破碎，警方和学校保卫部门封闭现场。火灾烧毁 3 楼热处理实验室内办公物品及楼顶风机。不过所幸当时没有人在大楼里，没有人员受伤。

事故原因：

电源未关闭，导致电路火灾。

安全警示：

1. 离开实验室时前一定要关闭仪器设备、水源、电源和气源。
2. 定期检查实验室电路，及时消除电路安全隐患。

学习目标

知识目标

1. 了解实验室灭火的方法。
2. 了解实验室灭火的注意事项。
3. 掌握火灾逃生方法。

能力目标

1. 能用根据火灾的不同阶段，选用不同的灭火方法。
2. 能迅速辨识逃生路线。

素质目标

1. 培养自我保护意识。
2. 培养防火意识。

任务一
灭火器认知

一、任务背景

实验人员不仅要能科学管理和使用各种仪器和药品，还要熟悉灭火知识，能够熟练使用实验室配备的灭火设备，一旦发生火灾，要沉着冷静，迅速采取有效的灭火措施。若遇起火，应立即切断电源，关闭燃气阀门，用抹布、细沙或灭火毯覆盖熄灭。若火势较大，立即根据燃烧物质的性质，选择合适的灭火器进行灭火，并应立即拨打报警电话“119”向消防部门报警。

二、任务描述

实验室发生火灾时，应选用灭火器进行灭火，总结灭火器种类及灭火场合。

三、任务分组

班级		组号		指导老师	
组长		学号			
组员	姓名	学号	姓名	学号	
任务分工					

四、获取信息

引导问题 1：查阅 GB/T 4968—2008，说出火灾分类有哪些。

引导问题 2：常见灭火器种类有哪些？

五、工作计划

引导问题3：说出实验室二氧化碳、干粉灭火器所针对的火灾种类。

____

____

____

六、进行决策

引导问题4：小组讨论，确定小组方案。

____

____

____

七、工作实施

引导问题5：分组展示，确定最终方案。

____

____

____

八、评价反馈

项目名称	评价内容	满分	评价			综合得分
			自评	互评	师评	
职业素养（40%）	积极参加教学活动，按时完成学生工作活页	20				
	团队合作、与人交流能力	20				
专业能力（60%）	个人制订方案及在小组汇报情况	40	/	/	/	
	分组展示方案情况	20				

知识点提示

一、实验室常见火灾种类

根据国家标准《火灾分类》（GB/T 4968—2008）的规定，将火灾分为A、B、C、D、E、F六类，见表4-1。

表 4-1　火灾分类

A 类火灾	指固体物质火灾。这种物质通常具有有机物质性质，一般在燃烧时能产生灼热的余烬。如木材、干草、煤炭、棉、纸张等火灾
B 类火灾	指液体或可熔化的固体物质火灾。如煤油、柴油、原油、甲醇、乙醇、沥青、石蜡、塑料等火灾
C 类火灾	指气体火灾。如煤气、天然气、甲烷、乙烷、丙烷、氢气等火灾
D 类火灾	指金属火灾。如钾、钠、镁、钛、锆、锂、铝镁合金等火灾
E 类火灾	指带电火灾。物体带电燃烧的火灾
F 类火灾	指烹饪器具内的烹饪物（如动植物油脂）火灾

二、常用消防器材

1. 消防沙箱

消防沙箱如图 4-1 所示。将干燥的沙子贮存于容器中备用，配备必要的铁锹、钩杆、斧头、水桶等消防工具。发生火灾时用铁锹或水桶将沙子散开，覆盖火焰，使其熄灭。适用于扑灭油类火灾，一般配置在油库、加油站、食堂厨房、经常动火的修造车间等。

图 4-1　消防沙箱

2. 灭火毯

灭火毯（或称消防被、灭火被、防火毯、消防毯、阻燃毯、逃生毯），是由玻璃纤维等材料经过特殊处理编织而成的织物，能起到隔离热源及火焰的作用，可用于扑灭油锅火或者披覆在身上逃生。灭火毯主要用作企业、商场、船舶、汽车、民用建筑物等场合的一种简便的初始灭火工具，特别适用于家庭和饭店的厨房、宾馆、娱乐场所、加油站等一些容易着火的场所，防止火势蔓延以及防护逃生用。

3. 灭火器

灭火器是一种可携式灭火工具。灭火器内放置化学物品，用以灭火。灭火器是常见的防火设施之一，存放在公共场所或可能发生火灾的地方，不同种类的灭火器内装填的成分不一样，是专为不同的火灾起因而设。

灭火器的种类很多，按其移动方式可分为：手提式和推车式；按驱动灭火剂的动力来源可分为：储气瓶式、储压式、化学反应式；按所充装的灭火剂则又可分为：泡沫式、干粉式、卤代烷式、二氧化碳式、清水式等。

下面简单介绍几种常见灭火器的工作原理：

（1）二氧化碳灭火器　二氧化碳具有较高的密度，约为空气的 1.5 倍。在常压下，液态的二氧化碳会立即汽化，一般 1kg 的液态二氧化碳可产生约 $0.5m^3$ 的气体，产生窒息作用而灭火。另外，二氧化碳从储存容器中喷出时，会由液体迅速汽化成气体，而从周围吸收部分热量，起到冷却的作用。二氧化碳灭火器主要用于扑救贵重设备、档案资料、仪器仪表、600V 以下电气设备及油类的初起火灾。

使用方法：先拔出保险销，再压合压把，将喷嘴对准火焰根部喷射。

注意事项：使用时要尽量防止皮肤因直接接触喷筒和喷射胶管而造成冻伤。扑救电气设备火灾时，如果电压超过600V，切记要先切断电源后再灭火。

应用范围：适用于A、B、C类火灾，不适用于金属火灾。扑救棉麻、纺织品火灾时，应注意防止复燃。由于二氧化碳灭火器灭火后不留痕迹，因此适宜扑救家用电器火灾。

（2）干粉灭火器 干粉灭火器内部装有磷酸铵盐等干粉灭火剂，这种干粉灭火剂具有易流动性、干燥性，由无机盐和粉碎干燥的添加剂组成，可有效扑救初起火灾。灭火原理：一是靠干粉中的无机盐的挥发性分解物，与燃烧过程中燃料所产生的自由基或活性基团发生化学抑制和负催化作用，使燃烧的链反应中断而灭火；二是靠干粉的粉末落在可燃物表面，发生化学反应，并在高温作用下形成一层玻璃状覆盖层，从而隔绝氧，进而窒息灭火。另外，还有部分稀释氧和冷却作用。

除扑救金属火灾的专用干粉化学灭火剂外，干粉灭火剂一般分为BC干粉灭火剂（碳酸氢钠等）和ABC干粉（磷酸铵盐等）两大类。

使用方法：干粉灭火器最常用的开启方法为压把法。将灭火器提到距火源适当位置后，先上下颠倒几次，使筒内的干粉松动，然后让喷嘴对准燃烧最猛烈处，拔去保险销，压下压把，灭火剂便会喷出灭火。如扑救油类火灾时，不要使干粉气流直接冲击油渍，以免溅起油面使火势蔓延。

注意事项：手提式干粉灭火器喷射时间很短，所以使用前要把喷粉胶管对准火焰后，才可打开阀门。手提式干粉灭火器喷射距离也很短，所以使用时，操作人员在保证自身安全的情况下应尽量接近火源，并根据燃烧范围选择合适规格的灭火器。

应用范围：可扑灭一般火灾，还可扑灭油、气等燃烧引起的火灾。主要用于扑救石油、有机溶剂等易燃液体、可燃气体和电气设备的初起火灾。

（3）泡沫灭火器 此类灭火器是通过筒体内酸性溶液与碱性溶液混合发生化学反应，将生成的泡沫压出喷嘴，喷射出去进行灭火的。它除了用于扑救一般固体物质火灾外，还能扑救油类等可燃液体火灾，但不能扑救带电设备（使用特殊喷嘴除外）和醇、酮、酯、醚等有机溶剂的火灾（抗溶泡沫灭火剂除外）。泡沫灭火器有MP型手提式、MPZ型手提舟车式和MPT型推车式三种类型。

使用方法：MP型手提式泡沫灭火器使用时，应一手握提环，一手抓底部，把灭火器颠倒过来，轻轻抖动几下，喷出泡沫，进行灭火。泡沫灭火器喷出的泡沫中含有大量水分，它不如二氧化碳液体灭火器，后者灭火后不污染物质，不留痕迹。

注意事项：泡沫灭火器不可用于扑灭带电设备的火灾，否则将威胁人身安全。泡沫灭火器存放应选择干燥、阴凉、通风并取用方便之处，不可靠近高温或可能受到暴晒的地方，以防止碳酸分解而失效；冬季要采取防冻措施，以防止冻结；应经常擦除灰尘、疏通喷嘴，使之保持通畅。泡沫灭火器从出厂日期算起，达到年限的，必须报废。

适用范围：可用来扑灭木材、棉布等燃烧引起的失火。它除了用于扑救一般固体物质火灾外，还能扑救油类等可燃液体火灾，但不能扑救带电设备和醇、酮、酯、醚等有机溶剂的火灾。

（4）卤代烷灭火器 是指充装卤代烷灭火剂的灭火器。该类灭火剂品种较多，而我国只发展两种，一种是二氟一氯一溴甲烷和三氟一溴甲烷，简称1211和1301。试验和实际应用结果表明，卤代烷1211是一种性能良好、应用范围广泛的灭火剂。它的灭火效率高，灭火速度快，当防火区内的灭火剂浓度达到临界灭火值时，一般为体积的5%就能在几秒钟内甚至更短的时间内将火焰扑灭。

卤代烷1211灭火不是依靠冷却、稀释氧或隔绝空气等物理作用来实现的，而是通过抑制燃烧的化学反应过程，中断燃烧的链反应而迅速灭火的，属于化学灭火。但由于该灭火剂对臭氧层破坏力强，我国已于2005年停止生产1211灭火剂。

（5）水基灭火器　水基灭火器，药剂主要成分表面活性剂等物质和处理过的纯净水搅拌。以液态形式存在，因此简称水基灭火器。水基型（水雾）灭火器在喷射后，呈水雾状，瞬间蒸发火场大量的热量，迅速降低火场温度，抑制热辐射，表面活性剂在可燃物表面迅速形成一层水膜，隔离氧气，降温、隔离双重作用，同时参与灭火，从而达到快速灭火的目的。

除了灭火之外，水基灭火器还可以用于火场自救。在起火时，将水基灭火器中的药剂喷在身上，并涂抹于头上，可以使自己在普通火灾中尽可能免除火焰伤害，在高温火场中最大限度地减轻烧伤。

三、灭火方法

（1）冷却灭火法　将灭火剂直接喷洒在燃烧着的物体上，将可燃物的温度降低到燃点以下，从而使燃烧终止。这是扑救火灾最常用的方法。冷却的方法主要是采取喷水或喷射二氧化碳等其他灭火剂，将燃烧物的温度降到燃点以下。灭火剂在灭火过程中不参与燃烧过程中的化学反应，属于物理灭火法。

（2）窒息灭火法　通过隔绝空气的方法，燃烧区内的可燃性物质，得不到足够的氧气，而使燃烧停止。这种灭火方法适用于扑救一些封闭式的空间和生产装置的火灾。

（3）隔离灭火法　将燃烧物体与其附近的可燃物隔离或疏散开，消除燃烧必备的三个条件之一——可燃物，以达到灭火的目的。这种方法适用于扑救各种固体、液体和气体火灾。

（4）抑制灭火法　这是一种用灭火剂与燃烧物产生物理和化学抑制作用的灭火方法。这种方法可使用的灭火剂有干粉和卤代烷灭火剂及替代产品。灭火时，一定要将足够数量的灭火剂准确地喷在燃烧区内，使灭火剂参与和阻断燃烧反应。否则将起不到抑制燃烧反应的作用，达不到灭火的目的。同时还要采取必要的冷却降温措施，以防止复燃。

任务二 实验室火灾逃生

一、任务背景

火灾往往发生在刹那间，为了个人和他人的安全，火场逃生常识是必备的保命技能，掌握正确的逃生方法，有助于在危急情况下安全撤离火场。

二、任务描述

实验室发生火灾，老师和学生需要立即疏散，总结火灾逃生注意事项。

三、任务分组

<table>
<tr><td>班级</td><td></td><td>组号</td><td></td><td>指导老师</td><td></td></tr>
<tr><td>组长</td><td></td><td>学号</td><td colspan="3"></td></tr>
<tr><td rowspan="4">组员</td><td>姓名</td><td>学号</td><td>姓名</td><td colspan="2">学号</td></tr>
<tr><td></td><td></td><td></td><td colspan="2"></td></tr>
<tr><td></td><td></td><td></td><td colspan="2"></td></tr>
<tr><td></td><td></td><td></td><td colspan="2"></td></tr>
<tr><td>任务分工</td><td colspan="5"></td></tr>
</table>

四、获取信息

引导问题1：按照高等学校实验室安全检查项目表，发生火灾时，化学实验室应保持紧急逃生路线通畅，需要准备什么？

五、工作计划

引导问题2：如果实验室发生火灾，那么火灾逃生应考虑的方面有哪些？

六、进行决策

引导问题3：小组讨论，确定小组方案。

七、工作实施

引导问题4：分组展示，确定最终方案。

____

____

____

____

____

八、评价反馈

项目名称	评价内容	满分	评价			综合得分
			自评	互评	师评	
职业素养（40%）	积极参加教学活动，按时完成学生工作活页	20				
	团队合作、与人交流能力	20				
专业能力（60%）	个人制订方案及小组汇报情况	40	/	/	/	
	分组展示方案情况	20				

知识点提示

火灾逃生时的注意事项

1. 一定牢记发生火灾时要报警。

2. 生命第一重要，千万不要因为寻找贵重财物而耽误逃生时间。

3. 楼房起火时，不能乘普通电梯逃生，因为起火很容易断电，或者使电梯轿厢受热变形卡壳而使逃生失败。

4. 不能在浓烟弥漫时直立行走，否则极易呛烟和中毒。

5. 在室内发现外部起火，开启房门时，须先触摸门板，若发现发热或浓烟气自门缝窜入，就不能贸然开门，而应设法寻求其他通道，若发现不热，要缓缓开启，并在一侧利用门扇作掩护，防止烟气熏倒或热浪灼烧。

6. 逃生时，每过一扇门窗，应随手关闭，以防止烟火沿通道蔓延。

7. 逃生者若身上着火，应迅速将衣服脱下或撕下，或就地翻滚把火扑灭，但要注意不要滚动过快，切记不要带火迎风跑动。若附近有水池、河、塘等，要迅速跳入水中，以灭去身上的火。

8. 逃出火场危险区后，受害者必须留在安全地带，不要重新进入火场，以免发生危险，如有情况，应及时向救助人员反映。

9. 服从公安消防队的指挥。

实验室紧急逃生路线通畅（高等学校实验室安全检查项目表）

1. 在显著位置张贴有紧急逃生疏散路线图，疏散路线图的逃生路线应有两条（含以上，路线与现场符合）。

2. 主要逃生路径（室内、楼梯、通道和出口处）有足够的紧急照明灯，功能正常，并设置有效标识指示逃生方向。

3. 人员应熟悉紧急疏散路线及火场逃生注意事项。

任务三 实验室火灾处置

一、任务背景

消防安全管理是公共安全中的重要组成部分，而高校实验室由于自身使用需求的影响，极易发生火灾，不仅会造成严重的经济损失，还会危害到师生的人身安全，更会形成极大的社会影响。

在应对火灾的过程中，强有力的消防安全意识是至关重要的，拥有正确的消防安全意识，不仅可以有效缩短疏散逃生、灭火救援的时间，降低对人身财产安全的影响，还可以发现、整改火灾隐患，从根本上降低火灾发生的概率。

加强对消防安全的宣传和教育，掌握火灾的特性，总结火灾发生的规律，严格遵守规则，消除引起火灾的隐患，增强师生的消防安全意识，为高校实验室的安全稳定运行提供基础和前提。同时，通过学习，当面对火灾的时候，要能够快速做出判断，正确处置。

二、任务描述

油浴蒸馏实验过程中，由于油浴锅线路老化突然着火，引发油浴锅中油浴着火，根据火灾性质，进行紧急灭火及逃生处理。

三、任务分组

<table>
<tr><td>班级</td><td></td><td>组号</td><td></td><td>指导老师</td><td></td></tr>
<tr><td>组长</td><td></td><td>学号</td><td colspan="3"></td></tr>
<tr><td rowspan="4">组员</td><td>姓名</td><td>学号</td><td>姓名</td><td colspan="2">学号</td></tr>
<tr><td></td><td></td><td></td><td colspan="2"></td></tr>
<tr><td></td><td></td><td></td><td colspan="2"></td></tr>
<tr><td></td><td></td><td></td><td colspan="2"></td></tr>
<tr><td>任务分工</td><td colspan="5"></td></tr>
</table>

四、获取信息

引导问题 1：写出灭火毯的使用步骤和注意事项。

____

____

引导问题 2：写出灭火器的使用步骤和注意事项。

____

____

小提示：

灭火器是一种压力容器，灭火器的使用就是靠内部压力将灭火剂压出，达到灭火的作用。

灭火器的压力表，就是用以指示灭火器内部压力或者灭火剂的余量，以确保灭火器处于正常工作状态。干粉灭火器的标准压力值为：1.2 ~ 1.5MPa，二氧化碳灭火器的标准压力值为：5 ~ 6MPa。

灭火器瓶口有一压力表，表针区域分为红、绿、黄三种颜色。如果指针停在绿色区域，说明灭火器压力充足可以正常使用。指针停留在黄色区域，说明罐内压力稍高，可能是因为周围温度过高，可以使用。但是如果指针超过了黄色区域的黑线位置说明罐体超压，可能引起瓶口爆裂，应及时更换新瓶。使用过后的或卸压的灭火器指针都指在红色区域，罐内压力释放，应及时更换新瓶。

引导问题 3：进入实验室，需要熟悉实验室逃生路线图，请结合实验室楼层平面描述逃生路线。

____

____

五、工作计划

引导问题 4：查阅资料，个人提出实验室发生火灾时救火的步骤和逃生注意事项。

____

____

六、进行决策

引导问题 5：小组内讨论，确定小组方案。

____

____

____

七、工作实施

请练习实验室安全 3D 仿真软件中消防安全模块。（得分：　　　　）

引导问题 6：熟练操作软件后，能找出的其他实验室灭火的步骤和逃生注意事项有哪些？和上述小组制订的方案进行对比。

____

____

____

八、评价反馈

项目名称	评价内容	满分	评价			综合得分
			自评	互评	师评	
职业素养（40%）	积极参加教学活动，按时完成学生工作活页	20				
	团队合作、与人交流能力	20				
专业能力（60%）	正确操作软件中实验室消防安全模块	40	/	/	/	
	总结实验室灭火的步骤和逃生注意事项	20				

知识点提示

一、火灾发生后应立即采取的措施

① 首先采取措施防止火势蔓延，关闭电闸、气体阀门。

② 移开易燃易爆物品。

③ 确保安全撤离的情况下，视火势大小，采取不同的扑灭方法。

④ 火势较大时，撤离，通知相邻人员撤离。

⑤ 打 119 报警，报告着火位置、燃烧物品等。

⑥ 路口接应消防车。

二、灭火方式选择

一旦失火，可视火势大小，采取不同的扑灭方式：

① 对在容器中（如烧杯、烧瓶等）发生的局部小火，可用石棉网、表面皿或消防沙等盖灭。

② 有机溶剂在桌面或地面上蔓延燃烧时，不得用水冲洗，可撒上细沙或用灭火毯扑灭。

③ 钠、钾等金属着火，可采用干燥的细沙覆盖。严禁用水和 CCl_4 灭火器，否则会导致猛烈的爆炸，也不能用 CO_2 灭火器。

④ 衣服着火时，切勿慌张奔跑，以免风助火势。化纤织物最好立即脱除，无法立即脱除时，一般小火可用湿抹布、灭火毯等包裹使火熄灭。若火势较大，可就近到喷淋器下面，用水浇灭。必要时可就地卧倒打滚，防止火焰烧向头部，并在地上压住着火处，使其熄火。若看到他人衣服着火，可使用灭火毯帮助灭火，不要使用灭火器朝人喷射。

⑤ 在化学反应过程中，若因冲料、渗漏、油浴着火等引起反应体系着火时（情况比较危险，处理不当会加重火势），扑救时必须谨防冷水溅在着火处的玻璃仪器上，必须谨防灭火器材击破玻璃仪器，造成严重的泄漏而扩大火势。有效的扑灭方法是用几层灭火毯包住着火部位，隔绝空气使其熄灭，必要时在灭火毯上撒些细沙。若仍不奏效，必须使用灭火器，应由火场的周围逐渐向中心处扑灭。

三、选择灭火器的规定

① 扑救A类火灾应选用水基、泡沫、干粉、卤代烷等灭火器；

② 扑救B类火灾应选用干粉、泡沫、卤代烷、二氧化碳等灭火器，扑救水溶性B类火灾不得选用化学泡沫灭火器；

③ 扑救C类火灾应选用干粉、卤代烷、二氧化碳灭火器；

④ 扑救E类火灾应选用卤代烷、二氧化碳、干粉灭火器；

⑤ 扑救A、B、C类和E类火灾应选用干粉、卤代烷灭火器；

⑥ 扑救D类火灾应选用专用干粉灭火器。

项目五

实验室危险化学品安全管理

典型案例

某大学“9 · 21”爆炸事故

事故经过：

2016 年 9 月 21 日上午 10 点 30 分左右，某大学化学化工与生物工程学院 3 名研究生在实验室进行化学实验时发生爆炸。

事故原因：

在实验过程中，缺乏防护措施和操作不当。

事故后果：

1 名学生轻微擦伤，2 名学生受伤集中在面部，灼伤面积均在 5% 左右，眼部不同程度受伤。

安全警示：

做实验一定要了解实验原理，明确实验风险，并有稳妥的应对措施。

学习目标

知识目标

1. 掌握危险化学品的分类、标签。
2. 掌握危险化学品的性质。
3. 掌握危险化学品的存储、使用原则和注意事项。

能力目标

1. 会识别危险化学品标签。
2. 会正确贮存危险化学品。
3. 会正确取用危险化学品。
4. 会排查危险化学品安全隐患。

素质目标

1. 培养安全意识。

2. 培养规则意识。

3. 培养环境保护意识。

任务一 危险化学品分类认知

一、任务背景

在实验室工作或学习过程中不可避免地要接触化学品，特别是危险化学品，首先要了解实验室危险化学品的定义和分类。

二、任务描述

危险化学品分类认知。

三、任务分组

班级		组号		指导老师	
组长		学号			
组员	姓名	学号	姓名	学号	
任务分工					

四、获取信息

引导问题 1：查阅《危险化学品目录（2022 调整版）》，说出危险化学品定义是什么。

____

____

引导问题 2：查阅《危险货物分类和品名编号》（GB 6944—2012），说出危险货物的分类。

____

____

引导问题 3：查阅《化学品分类和危险性公示　通则》（GB 13690—2009），说出危险化学品的分类。

____

____

五、工作计划

引导问题 4：从学校实验室安全管理角度出发，分析资料和国家标准，个人提出实验室危险化学品应如何分类。

____

____

六、进行决策

引导问题 5：小组讨论，确定实验室危险化学品分类方案。

____

____

____

七、评价反馈

项目名称	评价内容	满分	评价			综合得分
			自评	互评	师评	
职业素养（40%）	积极参加教学活动，按时完成学生工作活页	20				
	团队合作、与人交流能力	20				
专业能力（60%）	总结实验室危险化学品分类的方案	60				

知识点提示

1. 危险化学品

危险化学品是指具有毒害、腐蚀、爆炸、燃烧、助燃等性质，对人体、设施、环境具有危害的剧毒化学品和其他化学品。

2. 危险化学品的分类

危险化学品在不同的时期、不同的文件中有不同的分类方法。《危险货物分类和品名编号》（GB 6944—2012）将其分为 9 类。《化学品分类和危险性公示　通则》（GB 13690—2009）把危险化学品分为三大类：理化危险、健康危险和环境危险。理化危险分为 16 小类，健康危险分为 10 小类。

任务二 危险化学品 MSDS 认知

一、任务背景

化学实验中经常会用到不熟悉的化学品，如果储存、操作不当，可能会发生燃烧、爆炸或严重人体中毒事故，所以要了解其 MSDS，做好安全管理。

二、任务描述

学会查阅化学品 MSDS，了解其物理化学性质、毒性、个人防护、消防措施等信息。

三、任务分组

<table>
<tr><td>班级</td><td></td><td>组号</td><td></td><td>指导老师</td><td></td></tr>
<tr><td>组长</td><td></td><td>学号</td><td colspan="3"></td></tr>
<tr><td rowspan="4">组员</td><td>姓名</td><td>学号</td><td>姓名</td><td colspan="2">学号</td></tr>
<tr><td></td><td></td><td></td><td colspan="2"></td></tr>
<tr><td></td><td></td><td></td><td colspan="2"></td></tr>
<tr><td></td><td></td><td></td><td colspan="2"></td></tr>
<tr><td>任务分工</td><td colspan="5"></td></tr>
</table>

四、获取信息

引导问题 1：什么是 MSDS，它包含哪些内容？

____

____

五、工作计划

引导问题 2：如何查阅老师所发的电子版 MSDS？

____

____

六、进行决策

引导问题 3：小组内讨论，确定小组的危险化学品 MSDS 认知方案。

____

____

七、评价反馈

项目名称	评价内容	满分	评价			综合得分
			自评	互评	师评	
职业素养（40%）	积极参加教学活动，按时完成学生工作活页	20				
	团队合作、与人交流能力	20				
专业能力（60%）	总结实验室危险化学品 MSDS 认知的方案	60				

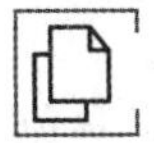

知识点提示

MSDS（material safety date sheet，化学品安全说明书），在欧洲国家也被称为安全技术 / 数据说明书 SDS。它的信息包含物理数据、毒性、对健康的影响、急救、反应、储存、处置、防护设备、泄漏处理等 16 项内容。目前，美国、日本等国家已经普遍建立 MSDS 制度，同样地，在中国 MSDS 可以为品牌商的整个供应链化学品管理提供必不可少的化学品信息。

MSDS 内容如下：

1. 化学品及企业标识（chemical product and company identification）

主要标明化学品名称、生产企业名称、地址、邮编、电话、应急电话、传真和电子邮件地址等信息。

2. 成分 / 组成信息（composition/information on ingredients）

标明该化学品是纯化学品还是混合物。纯化学品，应给出其化学品名称或商品名和通用名。混合物，应给出危害性组分的浓度或浓度范围。无论是纯化学品还是混合物，如果其中包含有害性组分，则应给出美国化学文摘登记号（CAS 号）。

3. 危险性概述（hazards summarizing）

简要概述本化学品最重要的危害和效应，主要包括：危害类别、侵入途径、健康危害、环境危害、燃爆危险等信息。

4. 急救措施（first-aid measures）

指作业人员意外受到伤害时，所需采取的现场自救或互救的简要处理方法，包括：眼睛接触、皮肤接触、吸入、食入的急救措施。

5. 消防措施（fire-fighting measures）

主要标明化学品的物理和化学特殊危险性，适合灭火介质，不合适的灭火介质以及消防人员个体防护等方面的信息，包括：危险特性、灭火介质和方法、灭火注意事项等。

6. 泄漏应急处理（accidental release measures）

指化学品泄漏后现场可采用的简单有效的应急措施、注意事项和消除方法，包括：应急行动、应急人员防护、环保措施、消除方法等内容。

7. 操作处置与储存（handling and storage）

主要是指化学品操作处置和安全储存方面的信息资料，包括：操作处置作业中的安全注意事项、安全储存条件和注意事项。

8. 接触控制 / 个体防护（exposure controls/personal protection）

在生产、操作处置、搬运和使用化学品的作业过程中，为保护作业人员免受化学品危害而采取的防护方法和手段。包括：最高容许浓度、工程控制、呼吸系统防护、眼睛防护、身体防护、手防护、其他防护要求。

9. 理化特性（physical and chemical properties）

主要描述化学品的外观及理化性质等方面的信息，包括：外观与性状、pH 值、沸点、熔点、相对密度（水 =1）、相对蒸气密度（空气 =1）、饱和蒸气压、燃烧热、临界温度、临界压力、辛醇 / 水分配系数、闪点、引燃温度、爆炸极限、溶解性、主要用途和其他一些特殊理化性质。

10. 稳定性和反应性（stability and reactivity）

主要描述化学品的稳定性和反应活性方面的信息，包括：稳定性、禁配物、应避免接触的条件、聚合危害、分解产物。

11. 毒理学信息（toxicological information）

提供化学品的毒理学信息，包括：不同接触方式的急性毒性（LD_{50}、LC_{50}）、刺激性、致敏性、亚急性和慢性毒性、致突变性、致畸性、致癌性等。

12. 生态学信息（ecological information）

主要陈述化学品的环境生态效应、行为和转归，包括：生物效应、生物降解性、生物富集、环境迁移及其他有害的环境影响等。

13. 废弃处置（disposal）

是指对被化学品污染的包装和无使用价值的化学品的安全处理方法，包括废弃处置方法和注意事项。

14. 运输信息（transport information）

主要是指国内、国际化学品包装、运输的要求及运输规定的分类和编号，包括：危险货物编号、包装类别、包装标志、包装方法、UN 编号及运输注意事项等。

15. 法规信息（regulatory information）

主要是化学品管理方面的法律条款和标准。

16. 其他信息（other information）

主要提供其他对安全有重要意义的信息，包括：参考文献、填表时间、填表部门、数据审核单位等。

实例

丙酮化学品安全技术说明书

第一部分　化学品及企业标识

化学品中文名：丙酮；二甲（基）酮；阿西通；2- 丙酮

化学品英文名：acetone；dimethyl ketone

推荐用途：是基本的有机原料和低沸点溶剂。

限制用途：无资料。

企业名称：

生产企业地址：

邮编：　　　　　　　　　　　　　　传真：

企业应急电话：

电子邮件地址：

技术说明书编码：　　　　　　　　　CAS No.：67-64-1

生效日期：

第二部分　危险性概述

危险性类别：易燃液体-2，皮肤腐蚀/刺激-2，急性毒性-经口-4，对水环境的危害-长期4。

象形图：

警示词：危险。

危险信息：高度易燃液体和蒸气；引起皮肤刺激。

防范说明：

预防措施：远离热源、火花、明火、热表面，工作场所禁止吸烟。

事故响应：消防人员须佩戴防毒面具、穿全身消防服，在上风向灭火。尽可能将容器从火场移至空旷处。喷水保持火场容器冷却，直至灭火结束。处在火场中的容器若已变色或从安全泄压装置中产生声音，必须马上撤离。用泡沫、二氧化碳、干粉、砂土灭火。

安全储存：储存于阴凉、通风的库房。远离火种、热源。

废弃处置：用焚烧法处置，把倒空的容器归还厂商或在规定场所掩埋。

侵入途径：吸入、食入、经皮吸收。

健康危害：急性中毒主要表现为对中枢神经系统的麻醉作用，出现乏力、恶心、头痛、头晕、易激动。重者发生呕吐、气急、痉挛，甚至昏迷。对眼、鼻、喉有刺激性。口服后，先是口唇、咽喉有烧灼感，后出现口干、呕吐、昏迷、酸中毒和酮症。

慢性影响为长期接触该品会出现眩晕、灼烧感、咽炎、支气管炎、乏力、易激动等。皮肤长期反复接触可致皮炎。

环境危害：无资料。

燃爆危险：极易燃，其蒸气与空气混合，能形成爆炸性混合物。

第三部分　成分 / 组成信息

√纯品　　混合物

有害物成分	浓度	CAS No.
丙酮	99.5%	67-64-1

第四部分　急救措施

皮肤接触：脱去污染的衣着，用肥皂水和清水彻底冲洗皮肤。如有不适感，及时就医。

眼睛接触：提起眼睑，用流动清水或生理盐水冲洗。如有不适感，及时就医。

吸入：迅速脱离现场至空气新鲜处，保持呼吸道通畅。如呼吸困难，给输氧。呼吸、心跳停止，立即进行心肺复苏，及时就医。

食入：饮水，禁止催吐。如有不适感，及时就医。

第五部分　消防措施

危险特性：其蒸气与空气可形成爆炸性混合物，遇明火、高热极易燃烧爆炸。与氧化剂能发生强烈反应。蒸气比空气重，沿地面扩散并易积存于低洼处，遇火源会着火回燃。若遇高热，容器内压增大，有开裂和爆炸的危险。

有害燃烧产物：一氧化碳。

灭火方法：用抗溶性泡沫、二氧化碳、干粉、砂土灭火。

第六部分　泄漏应急处理

应急行动：消除所有点火源。根据液体流动和蒸气扩散的影响区域划定警戒区，无关人员从侧风、上风向撤离至安全区。建议应急处理人员戴正压自给式呼吸器，穿防静电服。作业时使用的所有设备应接地。禁止接触或跨越泄漏物。尽可能切断泄漏源。防止泄漏物进入水体、下水道、地下室或密闭性空间。少量泄漏：用砂土或其他不燃材料吸收。使用洁净的无火花工具收集吸收材料。大量泄漏：构筑围堤或挖坑收容。用飞尘或石灰粉吸收大量液体。用抗溶性泡沫覆盖，减少蒸发。喷水雾能减少蒸发，但不能降低泄漏物在受限制空间内的易燃性。用防爆泵转移至槽车或专用收集器内。喷雾状水驱散蒸气、稀释液体泄漏物。

第七部分　操作处置与储存

操作注意事项：密闭操作，全面通风。操作人员必须经过专门培训，严格遵守操作规程。建议操作人员佩戴过滤式防毒面具（半面罩），戴安全防护眼镜，穿防静电工作服，戴橡胶耐油手套。远离火种、热源，工作场所严禁吸烟。使用防爆型的通风系统和设备。防止蒸气泄漏到工作场所空气中。避免与氧化剂、还原剂、碱类接触。灌装时应控制流速，且有接地装置，防止静电积聚。搬运时要轻装轻卸，防止包装及容器损坏。配备相应品种和数量的消防器材及泄漏应急处理设备。倒空的容器可能残留有害物。

储存注意事项：储存于阴凉、通风良好的专用库房内，远离火种、热源。库温不宜超过29℃，保持容器密封。应与氧化剂、还原剂、碱类分开存放，切忌混储。采用防爆型照明、通风设施。禁止使用易产生火花的机械设备和工具。储存区域应备有泄漏应急处理设备和合适的收容材料。

第八部分　接触控制 / 个体防护

职业接触限值

中国 PC-TWA： 300mg/m^3；PC-STEL：450mg/m^3

美国（ACGIH）TLV-TWA：500ppm；TLV-STEL：750ppm（1ppm=1μL/L）

生物接触限值：未制定标准。

监测方法：溶剂解吸 - 气相色谱法；热解吸 - 气相色谱法。

生物监测检验方法：未制定标准。

工程控制：生产过程密闭，全面通风。

个体防护装备：①呼吸系统防护：空气中浓度超标时，佩戴过滤式防毒面具（半面罩）。

② 眼睛防护：一般不需要特殊防护，高浓度接触时可戴安全防护眼镜。

③ 皮肤和身体防护，穿防静电工作服。

④ 手防护：戴橡胶耐油手套。

⑤ 其他防护：工作现场严禁吸烟。注意个人清洁卫生。避免长期反复接触。

第九部分　理化特性

外观与性状：无色透明易流动液体，有芳香气味，极易挥发。

pH 值：无资料　　熔点（℃）：-95

沸点（℃）：56.5　　相对密度（水 =1）：0.80

相对蒸气密度（空气 =1）：2.00　　饱和蒸气压（kPa）：24（20℃）

燃烧热（kJ/mol）：-1788.7　　临界温度（℃）：235.5

临界压力（MPa）：4.72　　辛醇 / 水分配系数：-0.24

闪点（℃）：-18（CC）；-9.4（OC）

自燃温度（℃）：465　　爆炸下限（%）：2.5

爆炸上限（%）：12.8　　分解温度（℃）：无资料

黏度（mPa·s）：0.32（20℃）

溶解性：与水混溶，可混溶于乙醇、乙醚、氯仿、油类、烃类等多种有机溶剂。

第十部分　稳定性和反应性

稳定性：稳定。

危险反应：与强氧化剂等禁配物接触，有发生火灾和爆炸的危险。

避免接触的条件：无资料。

禁配物：强氧化剂、强还原剂、碱。

分解产物：无资料。

第十一部分　毒理学信息

急性毒性 LD_{50}：5800mg/kg（大鼠经口）；5340mg/kg（兔经口）；8000mg/kg（兔经皮）。

皮肤刺激或腐蚀：家兔经皮 395mg，轻度刺激（开放性刺激试验）。

眼睛刺激或腐蚀：家兔经眼 20mg，重度刺激。

呼吸或皮肤过敏：无资料。

生殖细胞突变性细胞遗传学分析：酿酒酵母菌 200mmol/管。性染色体缺失和不分离：小鼠吸入 12g/L。

致癌性：无资料。

生殖毒性：无资料。

特异性靶器官系统毒性：一次接触 无资料。

反复接触大鼠 7.22g/m^3，每天 8h 吸入染毒，共 20 个月，未发现临床及组织病理学改变。

吸入危害：无资料。

第十二部分　生态学信息

生态毒性：LC_{50} 4740～6330mg/L（96h）（虹鳟鱼）；2100mg/L（48h）（卤虫）

LD_{50}：5000mg/L（24h）（金鱼）

EC_{50}：8600mg/L（5min）（发光菌，Microtox 测试）

生物降解性：OECD301C（一种评估化学物质生物降解性的方法），28d 降解 96%～100%，易快速生物降解。

非生物降解性：水相光解半衰期（h）：270；水中光氧化半衰期（h）：9.92×10^4～3.97×10^6；空气中光氧化半衰期（h）：279～2790。

潜在的生物累积性：根据 K_{ow} 值预测，该物质的生物累积性可能较弱。

土壤中的迁移性：根据 K_{oc} 值预测，该物质可能易发生迁移。

第十三部分　废弃处置

废弃物性质：危险废物。

废弃处置方法：用焚烧法处置。

废弃注意事项：把倒空的容器归还厂商或在规定场所掩埋。

第十四部分　运输信息

危险货物编号：31025

UN 编号：1090

包装类别：Ⅱ类包装

包装标志：易燃液体

包装方法：小开口钢桶；安瓿瓶外普通木箱；螺纹口玻璃瓶、铁盖压口玻璃瓶、塑料瓶或金属桶（罐）外普通木箱。

运输注意事项：运输时，运输车辆应配备相应品种和数量的消防器材及泄漏应急处理设备。夏季最好早晚运输。运输时所用的槽（罐）车应有接地链，槽内可设孔隔板以减少震荡产生静电。严禁与氧化剂、还原剂、碱类、食用化学品等混装混运。运输途中应防暴晒、雨淋，防高温。中途停留时应远离火种、热源、高温区。装运该物品的车辆排气管必须配备阻火装置，禁止使用易产生火花的机械设备和工具装卸。公路运输时要按规定路线行驶，勿在居民区和人口稠密区停留。铁路运输时要禁止溜放。严禁用木船、水泥船散装运输。

第十五部分　法规信息

下列法律、法规、规章和标准，对该化学品的管理作了相应的规定。

《危险化学品安全管理条例》《危险化学品重大危险源辨识》《易制毒化学品管理条例》。

第十六部分　其他信息

编写和修订信息

培训建议

免责声明

缩略语和首字母缩写

参考文献

任务三
爆炸物安全管理

一、任务背景

化学实验中有时会用到爆炸物，爆炸物如果储存、操作不当，可能会发生爆炸，造成非常严重的后果，所以要了解其危险特性，做好安全管理。

二、任务描述

实验室有苦味酸（三硝基苯酚）等爆炸物，请制定爆炸品储存、操作注意事项和消防措施。

三、任务分组

班级		组号		指导老师	
组长		学号			
组员	姓名	学号	姓名	学号	
任务分工					

四、获取信息

引导问题1：查阅《危险货物分类和品名编号》（GB 6944—2012），说出爆炸品的定义和项别。

引导问题2：查阅《化学品分类和危险性公示　通则》（GB 13690—2009），说出爆炸物的定义。

引导问题3：查阅《关于危险货物运输的建议书　规章范本》（简称TDG法规）和《全球化学品统一分类和标签制度》（简称GHS法规），总结出两个法规中爆炸品象形图的区别。

引导问题4：查阅苦味酸、硝化丙三醇等爆炸物MSDS的有关内容，总结爆炸物的危险特性。

五、工作计划

引导问题5：个人总结爆炸物的储存、操作注意事项和消防措施。

____

____

____

六、进行决策

引导问题6：小组讨论，确定爆炸物储存、操作注意事项和消防措施。

____

____

____

七、工作实施

引导问题7：请练习危险化学品库房存放仿真软件模块。（得分：　　　　）

八、评价反馈

项目名称	评价内容	满分	评价			综合得分
			自评	互评	师评	
职业素养（40%）	积极参加教学活动，按时完成学生工作活页	20				
	团队合作、与人交流能力	20				
专业能力（60%）	总结爆炸物储存、操作注意事项和消防措施	60				

知识点提示

一、爆炸品定义

爆炸品是指固体或液体物质（或物质混合物），自身能通过化学反应产生气体，产生气体的温度、压力和速度能对周围环境造成破坏。发火物质即使不放出气体，也包括在内。

二、爆炸品分类

爆炸品在GB 6944—2012《危险货物分类和品名编号》中分六项。

第1项：具有整体爆炸危险的物质和物品，如高氯酸、三硝基甲苯等。

第2项：有迸射危险，但无整体爆炸危险的物质和物品。如雷管等。

第 3 项：有燃烧危险并有局部爆炸危险或局部迸射危险或这两种危险都有，但无整体爆炸危险的物质和物品。如二亚硝基苯等。

第 4 项：不呈现重大危险的物质和物品。如四唑并 -1- 乙酸等。

第 5 项：有整体爆炸危险的非常不敏感物质。

第 6 项：无整体爆炸危险的极端不敏感物质。

三、危险特性

1. 爆炸性

爆炸品都具有化学不稳定性，在一定的作用下，能以极快的速度发生猛烈的化学反应，产生的大量气体和热量在短时间内无法逸散开去，致使周围的温度迅速上升和产生巨大的压力而引起爆炸，这即是爆炸品的爆炸性。

2. 敏感度高

任何一种爆炸品的爆炸都需要外界供给爆炸品一定的能量，即为起爆能。不同的爆炸品所需的起爆能也不同。某一爆炸品所需的最小起爆能，即为该爆炸品的敏感度。敏感度类型可分为对热（加热、火花、火焰等）敏感；对机械（冲击、摩擦、撞击等）敏感；对静电（电火花）敏感等。

3. 火灾危险性

爆炸时可形成数千度的高温，绝大多数爆炸都伴有燃烧，会形成重大火灾。

4. 化学反应性

有些爆炸品可与其他化学试剂反应，生成爆炸性更强的危险化学品。如苦味酸遇某些碳酸盐反应形成更易爆炸的苦味酸盐。

5. 毒害性

很多爆炸品具有一定毒害性。发生爆炸时可以产生 CO、CO_2 等有毒或窒息性气体，造成人员中毒、窒息和环境污染。

6. 吸湿性

有些爆炸品受潮或吸湿后会降低爆炸能力，甚至无法使用。

7. 见光分解性

有些爆炸品见光后容易分解，如叠氮银、雷酸汞。

四、储存和使用

1. 基于爆炸性和化学反应性，应专库、限量储存，不得混存。
2. 基于敏感度高，应远离火种、热源，防止阳光直射；防止摩擦、撞击和震动。
3. 基于爆炸性，必须严格管理，库房实行“五双”制度。
4. 基于毒害性，应保持通风，佩戴防护用品。
5. 基于吸湿性等，易爆物品储存库内温度应低于 30℃，相对湿度应保持在 75% ～ 85%。

五、火灾扑救

爆炸品着火可用水、空气泡沫、二氧化碳、干粉等灭火剂施救，最好的灭火剂是水。因为水能够渗透到爆炸品内部，在爆炸品的结晶表面形成一层可塑性的柔软薄膜，将结晶包围起来使其钝感。爆炸品着火首要的就是用大量的水进行冷却，灭火时应注意防毒。

① 迅速判断和查明再次发生爆炸的可能性和危险性，紧紧抓住爆炸后和再次发生爆炸之前的有利时机，采取一切可能的措施，全力制止再次爆炸的发生。

② 不能用沙土压盖，因为用沙土压盖，爆炸品着火产生的烟气无法消散，内部产生一定的压力，增强爆炸物品爆炸时的威力。

③ 如果有疏散可能，应立即组织力量及时疏散着火区域周围的爆炸物品，使着火区周围形成一个隔离带。

④ 扑救爆炸物品堆垛时，水流应采用吊射，避免强力水流直接冲击堆垛，以免堆垛倒塌引起再次爆炸。

⑤ 灭火人员应积极采取自我保护措施，尽量利用现场的地形、地物作为掩蔽体或尽量采用卧姿等低姿射水；消防车辆不要停靠在离爆炸物品太近的水源旁边。

⑥ 灭火人员发现有发生再次爆炸的危险时，应立即向现场指挥报告，现场指挥确认后应迅速撤至安全地带，来不及撤退时，应就地卧倒。

六、典型易爆化合物

1. 硝化丙三醇

又称硝酸甘油、硝酸甘油酯、三硝酸甘油酯、三硝酸丙三酯，是甘油的三硝酸酯。白色或淡黄色黏稠液体，低温易冻结。不溶于水，混溶于丙酮、乙醚、乙醇、硝基苯、吡啶、乙酸乙酯等。

1847年由都灵大学的化学家索布雷洛发明。常有人误解“硝酸甘油”是瑞典化学家阿尔弗雷德·诺贝尔发明的，事实上诺贝尔只是当时最大的硝酸甘油制造商，让他致富的是在1866年利用硝酸甘油发展出的硝酸甘油炸药。

储存注意事项：储存于阴凉、干燥、通风的爆炸品专用库房。远离火种、热源。库房温度不超过32℃，相对湿度不超过80%。保持容器密封。应与氧化剂、活性金属粉末、酸类、食用化学品分开存放，切忌混储。采用防爆型照明、通风设施。禁止震动、撞击和摩擦。

灭火剂：水。

消防措施：消防人员须戴好防毒面具，在安全距离以外，在上风向灭火。遇大火切勿轻易接近。禁止用砂土压盖。

急救措施：吸入时迅速脱离现场至空气新鲜处。保持呼吸道通畅。如呼吸困难，给输氧。如呼吸、心跳停止，立即进行心肺复苏。皮肤接触立即脱去污染的衣着，用流动清水彻底冲洗，及时就医。眼睛接触立即分开眼睑，用流动清水或生理盐水彻底冲洗，及时就医。食入漱口，饮水，及时就医。

2. 三硝基苯酚

三硝基苯酚，又称苦味酸、2,4,6-三硝基苯酚，是一种有机化合物，化学式为$C_6H_3N_3O_7$，是炸药的一种，淡黄色晶状固体，无臭，味苦。溶于水、乙醇、苯、乙醚、丙酮、吡啶等。

苦味酸是世界上最早的合成炸药，早在1771年就由英国人沃尔夫合成出来，最初是作为黄色染料使用。1871年的一天，法国一家染料厂的工人想用榔头砸开盛装苦味酸的桶，结果造成爆炸，人们才发现这种黄色染料的另类用途。经过试验和调配，这种爆炸力巨大的黄色炸药取代了当时炮弹中充填的黑色火药。不过，苦味酸稳定性不强，受热、摩擦、撞击时会发生爆炸。

储存注意事项：储存于阴凉、干燥、通风的爆炸品专用库房。远离火种、热源。库房温度不超过 32℃，相对湿度不超过 80%。若含有水作稳定剂，库房温度不低于 1℃、相对湿度小于 80%。应与氧化剂、碱类、重金属粉末分开存放，切忌混储。采用防爆型照明、通风设施。储存区域应备有合适的材料收容泄漏物。禁止震动、撞击和摩擦。

急救措施：吸入时迅速脱离现场至空气新鲜处。保持呼吸道通畅。如呼吸困难，给输氧。如呼吸、心跳停止，立即进行心肺复苏。皮肤接触，立即脱去污染的衣着，用流动清水彻底冲洗，及时就医。眼睛接触时立即分开眼睑，用流动清水或生理盐水彻底冲洗，及时就医。食入时漱口，饮水，及时就医。

灭火剂：水。

消防措施：消防人员须在有防爆掩蔽处操作。遇大火须远离以防炸伤。在物料附近失火，须用水保持容器冷却。禁止用砂土压盖。

任务四 气体安全管理

一、任务背景

化学实验中经常会用到气体，特别是高压气体，如果储存、操作不当，可能会发生中毒、燃烧甚至爆炸事故，造成非常严重的后果，所以要了解其危险特性，做好安全管理。

二、任务描述

针对实验室乙炔、氢气等高压气体，请制定气体储存、操作注意事项和消防措施。

三、任务分组

班级		组号		指导老师	
组长		学号			
组员	姓名	学号	姓名	学号	
任务分工					

四、获取信息

引导问题 1：查阅《危险货物分类和品名编号》（GB 6944—2012），说出气体的定义和项别。

____

____

____

____

引导问题 2：查阅《化学品分类和危险性公示　通则》（GB 13690—2009），说出气体的分类及定义。

____

____

____

引导问题 3： 查阅《关于危险货物运输的建议书　规章范本》（简称 TDG 法规）和《全球化学品统一分类和标签制度》（简称 GHS 法规），总结出两个法规中气体象形图的区别。

____

____

引导问题 4：查阅氢气、乙炔等气体 MSDS 的有关内容，总结气体的危险特性。

____

____

五、工作计划

引导问题 5：个人总结气体的储存、操作注意事项和消防措施。

____

____

六、进行决策

引导问题 6：小组讨论，确定气体储存、操作注意事项和消防措施。

____

____

七、工作实施

引导问题 7：请练习危险化学品库房存放仿真软件模块。（得分：　　　　　）

八、评价反馈

项目名称	评价内容	满分	评价			综合得分
			自评	互评	师评	
职业素养（40%）	积极参加教学活动，按时完成学生工作活页	20				
	团队合作、与人交流能力	20				
专业能力（60%）	总结气体的储存、操作注意事项和消防措施	60				

知识点提示

气体是化学实验室经常涉及的物质，也是容易发生事故的因素。本类气体是符合下列两种情况之一的物质：（1）在50℃时，蒸汽压力大于300kPa的物质；（2）20℃时在101.3kPa标准压力下完全是气态的物质。主要包括压缩气体、液化气体、溶解气体和冷冻液化气体（GB 6944—2012）。

一、气体分类

按GB 6944—2012《危险货物分类和品名编号》分3项。

（1）易燃气体　易燃气体是指在温度为20℃、压力为101.3kPa时，爆炸下限小于或等于13%的气体；或不论其爆燃性下限值如何，其爆炸极限（燃烧范围）大于或等于12%的气体。

实验室常见的易燃气体：氢气、乙炔、甲烷等。

（2）非易燃无毒气体　本项包括窒息性气体、氧化性气体和不属于其他项别的气体，不包括在温度为20℃时的压力低于200kPa并且未经液化或冷冻液化的气体。此类气体虽然不燃、无毒，但处在压力状态下，仍具有潜在的爆炸危险。

实验室常见的非易燃无毒气体有氮气、氧气、二氧化碳等。

（3）毒性气体　包括满足下列两项之一的气体：其毒性或腐蚀性对人类健康造成危害的气体；急性半数致死浓度LC_{50}值小于或等于5000mL/m^3的毒性或腐蚀性气体。

注：LC_{50}是使雌雄青年大白鼠连续吸入1h，最可能引起受试动物在14d内死亡一半的气体的浓度。

实验室常见的有毒气体：氨气、二氧化硫等。

按GB 13690—2009《化学品分类和危险性公示　通则》分3项。

（1）易燃气体　是在20℃和101.3kPa标准压力下，与空气有易燃范围的气体。

（2）氧化性气体　氧化性气体是一般通过提供氧气，比空气更能导致或促使其他物质燃烧的任何气体。

（3）压力下气体　压力下气体是指高压气体在压力等于或大于200kPa（表压）下装

入贮器的气体，或是液化气体或冷冻液化气体。

压力下气体包括压缩气体、液化气体、溶解液体、冷冻液化气体。

二、危险特性

（1）物理性爆炸　受热膨胀压力升高，当超过钢瓶的耐压强度时，发生爆炸。

（2）化学性爆炸　易燃和氧化性气体的化学性质活泼，如氧气和油脂接触会发生爆炸。

（3）可燃性　易燃气体遇火源能燃烧，与空气混合达到爆炸极限会发生爆炸。

（4）扩散性　比空气轻的气体可以在空气中无限制扩散；比空气重的易燃气体，一般积聚在地面或房间的死角中，长时间不散，一旦遇到明火，易燃烧和爆炸。

（5）毒害性　部分气体具有毒性，如硫化氢、氯气等；部分气体具有腐蚀性，如氨气；部分气体虽然不具备毒性，但大量气体扩散到空气中时，导致氧气含量降低，可使人窒息，如氮气、二氧化碳等。

（6）静电性　气体从管口或破损处高速喷出时，由于强烈的摩擦作用，会产生静电，要注意检查设备接地、流速控制等防范措施。

三、储存和使用

详见项目七。

四、气体火灾的扑救

① 首先应扑灭外围被引燃的物质，切断火势蔓延途径，控制燃烧范围。

② 切忌盲目灭火。在没有成功采取堵漏的措施下，火焰不能中断，否则可能会引起更大爆炸。

③ 如果火场中有压力容器，应尽可能将压力容器转移，不能及时转移的用水枪等进行冷却保护。

④ 堵漏工作完成后，可用水、干粉、二氧化碳等灭火器灭火。

五、常见实验室气体

1. 乙炔

实验室在使用原子吸收光谱仪时需用到乙炔气体。

乙炔是无色无臭气体，其工业品有使人不愉快的大蒜气味，微溶于水、乙醇，溶于丙酮、氯仿、苯。极易燃烧爆炸。爆炸极限是2.1%～80%，与空气混合能形成爆炸性混合物，遇明火、高热能引起燃烧爆炸。与氧化剂接触会猛烈反应。与氟、氯等接触会发生剧烈的化学反应。能与铜、银、汞等的化合物生成爆炸性物质。乙炔是一种易燃易爆气体，受热或受压易发生聚合、爆炸性分解等化学反应，所以在瓶内将乙炔溶解于丙酮中，同时又将丙酮吸附于活性炭或硅酸钙等多孔性填料上，从而使乙炔稳定而安全地贮存和运输。

乙炔具有弱麻醉作用。高浓度吸入可引起单纯窒息。暴露于20%浓度时，出现明显缺氧症状；吸入高浓度乙炔，初期兴奋、多语、哭笑不安，后出现眩晕、头痛、恶心、呕吐、共济失调、嗜睡；严重者昏迷、紫绀、瞳孔对光反应消失、脉弱而不齐。当混有磷化氢、硫化氢时，毒性增大，应予以注意。

储存注意事项：乙炔的包装方法通常是溶解在溶剂及多孔物中，装入钢瓶内，储存于阴凉、通风的易燃气体专用库房。远离火种、热源。库温不宜超过30℃。应与氧化剂、酸类、卤素分开存放，切忌混储。采用防爆型照明、通风设施。禁止使用易产生火花的机械设备和工具。储存区域应备有泄漏应急处理设备。

急救措施：吸入时迅速脱离现场至空气新鲜处，保持呼吸道通畅。如呼吸困难，给输氧。如呼吸停止，立即进行人工呼吸，及时就医。

灭火剂：雾状水、泡沫、二氧化碳、干粉。

消防措施：切断气源。若不能切断气源，则不允许熄灭泄漏处的火焰。消防人员必须佩戴空气呼吸器、穿全身防火防毒服，在上风向灭火。尽可能将容器从火场移至空旷处。喷水保持火场容器冷却，直至灭火结束。

2. 氢气

在实验室使用气相色谱仪时经常用到氢气。

氢气是一种无色无臭气体，不溶于水，不溶于乙醇、乙醚。氢气和空气混合具有爆炸的危险，爆炸极限为4.1%～75%。氢气比空气轻，在室内使用和储存时，漏气上升滞留屋顶不易排出，遇火星会引起爆炸。氢气与氟、氯、溴等卤素会剧烈反应。

氢气是惰性气体，仅在高浓度时，由于空气中氧分压降低才会引起窒息。在很高的分压下，氢气可呈现出麻醉作用。缺氧性窒息发生后，轻者出现心悸、气促、头昏、头痛、无力、眩晕、恶心、呕吐、耳鸣、视力模糊、思维判断能力下降等缺氧表现。重者除表现上述症状外，很快发生精神错乱、意识障碍，甚至呼吸、循环衰竭。液氢可引起冻伤。

储存注意事项：储存于阴凉、通风的易燃气体专用库房。远离火种、热源。库温不宜超过30℃。应与氧化剂、卤素分开存放，切忌混储。采用防爆型照明、通风设施。禁止使用易产生火花的机械设备和工具。储存区域应备有泄漏应急处理设备。

急救措施：吸入时迅速脱离现场至空气新鲜处，保持呼吸道通畅。如呼吸困难，给输氧。如呼吸、心跳停止，立即进行心肺复苏，及时就医。皮肤接触时如发生冻伤，用温水（38～42℃）复温，忌用热水或辐射热，不要揉搓，及时就医。

灭火剂：雾状水、泡沫、二氧化碳、干粉。

消防措施：切断气源。若不能立即切断气源，则不允许熄灭正在燃烧的气体。喷水冷却容器，有条件的话将容器从火场移至空旷处。

任务五 易燃液体安全管理

一、任务背景

化学实验中经常会用到易燃液体，如果储存、操作不当，可能会发生燃烧引起火灾，所以要了解其危险特性，做好安全管理。

二、任务描述

实验室有乙醇等易燃液体，请制定易燃液体储存、操作注意事项和消防措施。

三、任务分组

<table>
<tr><td>班级</td><td></td><td>组号</td><td></td><td>指导老师</td><td></td></tr>
<tr><td>组长</td><td></td><td>学号</td><td colspan="3"></td></tr>
<tr><td rowspan="4">组员</td><td>姓名</td><td>学号</td><td>姓名</td><td colspan="2">学号</td></tr>
<tr><td></td><td></td><td></td><td colspan="2"></td></tr>
<tr><td></td><td></td><td></td><td colspan="2"></td></tr>
<tr><td></td><td></td><td></td><td colspan="2"></td></tr>
<tr><td>任务分工</td><td colspan="5"></td></tr>
</table>

四、获取信息

引导问题 1：查阅《危险货物分类和品名编号》（GB 6944—2012），说出易燃液体的定义。

引导问题 2：查阅《化学品分类和危险性公示　通则》（GB 13690—2009），说出易燃液体的定义。

引导问题 3：查阅《关于危险货物运输的建议书　规章范本》（简称 TDG 法规）和联合国《全球化学品统一分类和标签制度》（简称 GHS 法规），总结出两个法规中易燃液体象形图的区别。

引导问题 4：查阅乙醇 MSDS 的有关内容，总结易燃液体的危险特性。

五、工作计划

引导问题 5：个人总结易燃液体的储存、操作注意事项和消防措施。

六、进行决策

引导问题 6：小组讨论，确定易燃液体储存、操作注意事项和消防措施。

____

____

____

七、工作实施

引导问题 7：请练习危险化学品库房存放仿真软件模块。（得分：　　　　）

八、评价反馈

项目名称	评价内容	满分	评价			综合得分
			自评	互评	师评	
职业素养（40%）	积极参加教学活动，按时完成学生工作活页	20				
	团队合作、与人交流能力	20				
专业能力（60%）	总结易燃液体储存、操作注意事项和消防措施	60				

知识点提示

易燃液体是指易燃的液体或液体混合物，或是在溶液或悬浮液中有固体的液体，其闭杯实验闪点不高于 60℃，或开杯实验闪点不高于 65.6℃。本类物质在常温下易挥发。其蒸气与空气混合能形成爆炸性混合物。

一、分类

易燃液体按闪点大小可分为三类：

（1）低闪点液体　指闭杯闪点 <23℃，初沸点≤ 35℃的液体，如乙醛、乙醚和甲酸甲酯等。

（2）中闪点液体　指闪点 <23℃，初沸点 >35℃的液体，如丙酮、无水乙醇、石油醚等。

（3）高闪点液体　指 23℃≤闪点≤ 60℃，初沸点＞ 35℃的液体，如环辛烷、氯苯、苯甲醚、二甲苯和柴油等。

二、危险特性

（1）易燃性　易燃液体蒸气压较大、容易挥发，挥发出的蒸气足以与空气混合形成可燃混合物，其着火所需的能量极小，遇火、受热以及和氧化剂接触时都有发生燃烧的危险。

（2）易爆性　当易燃液体挥发出的蒸气与空气混合形成的混合气体达到爆炸极限浓度时，可燃混合物就转化成爆炸性混合物，一旦点燃就会发生爆炸。

（3）流动扩散性　易燃液体黏度比较小，流动性很强；易燃液体泄漏后扩大其表面积，加速挥发，形成的易燃蒸气大多比空气重，容易积聚，从而增加了燃烧爆炸的危险性。

（4）受热膨胀性　实验室易燃液体主要是靠玻璃或塑料容器盛装，而易燃液体的膨胀系数比较大，储存于密闭容器中的易燃液体受热后体积膨胀，当超过容器的压力限度时，就会造成容器膨胀，甚至爆裂，同时会产生火花而引起燃烧爆炸。

（5）强还原性　部分易燃液体具有强还原性，与氧化剂接触时容易发生反应，放出大量的热引起燃烧爆炸。

（6）静电性　易燃液体电阻率高，易产生静电积聚，火灾危险性较大。

（7）毒害性　多数易燃液体及其蒸气具有一定的毒害性。

三、储存和使用

① 基于易燃性，最好专柜存放（如通风药品柜），阴凉通风，不得敞口；必须严格控制柜内温度，防止柜内温度过高，特别是要根据液体的沸点和闪点的高低来控制温度。

② 基于易爆性，使用时轻拿轻放，防止摩擦撞击。

③ 基于毒害性，操作过程中室内应保持良好的通风，必要时戴防护器具。如有头晕、恶心等症状应立即离开现场。

④ 基于其高度扩散性，溶剂勿敞口存放。

⑤ 基于受热膨胀性，盛装容器应留有 5% 以上空间。

⑥ 基于强还原性，不能和氧化剂混存。

⑦ 基于静电性，不能用塑料桶盛装。

四、火灾扑救

① 扑救易燃液体火灾应及时掌握危险特性（着火液体的品名、相对密度、水溶性以及毒性、腐蚀性、沸溢、喷溅等危险性），以便采取相应的灭火和防护措施。

② 小面积液体火灾可用干粉、泡沫、二氧化碳灭火器或沙土覆盖。发生在容器内小火情可用湿抹布等覆盖。

③ 扑救毒害性、腐蚀性或燃烧产物毒性较强的易燃液体火灾时必须佩戴防毒面具，采取防护措施。如有头晕、恶心等症状应立即离开现场。

五、典型易燃液体

1. 乙醚

乙醚为无色透明液体，有特殊刺激气味，带甜味，极易挥发。微溶于水，溶于乙醇、苯、氯仿等多种有机溶剂。化学式为 $C_2H_5OC_2H_5$。其蒸气重于空气，在空气中的爆炸极限为 1.9% ～ 36%。在空气的作用下能氧化成过氧化物、醛和乙酸，暴露于光线下能促进其氧化。乙醚主要用作优良溶剂。

储存注意事项：储存于阴凉、通风仓库内。远离火种、热源。仓库温度不宜超过

28℃。防止阳光直射。包装要求密封，不可与空气接触。不宜大量或久存。应与氧化剂等分仓存放。储存间内的照明、通风等设施应采用防爆型，开关设在仓外。

急救措施：皮肤接触时脱去污染的衣着，用大量流动清水冲洗。眼睛接触时提起眼睑，用流动清水或生理盐水冲洗，及时就医。吸入时迅速脱离现场至空气新鲜处，保持呼吸道通畅。如呼吸困难，给输氧。如呼吸停止，立即进行人工呼吸，及时就医。食入时饮足量温水，催吐，及时就医。

灭火剂：抗溶性泡沫、二氧化碳、干粉、砂土。

消防措施：消防人员须佩戴防毒面具、穿全身消防服，在上风向灭火。尽可能将容器从火场移至空旷处。喷水保持火场容器冷却，直至灭火结束。容器突然发出异常声音或出现异常现象，应立即撤离。

2. 乙醇

乙醇在常温常压下是一种易挥发的无色透明液体，低毒性，纯液体不可直接饮用。乙醇的水溶液具有酒香的气味，并略带刺激性，味甘。乙醇易燃，其蒸气比空气重，能在较低处扩散到相当远的地方，其蒸气能与空气形成爆炸性混合物，爆炸极限为3.3%～19.0%。乙醇能与水以任意比例互溶，能与氯仿、乙醚、甲醇、丙酮和其他多种有机溶剂混溶。

储存注意事项：储存在阴凉、通风的仓库内。远离火种、热源，防止阳光直射。包装要求密封，不可与空气接触。应与氧化剂、酸类分开存放。储存间内的照明、通风等设施应采用防爆型，开关设在仓库外。配备相应品种和数量的消防器材。

急救措施：皮肤接触时脱去污染的衣着，用大量流动清水冲洗。眼睛接触时提起眼睑，用流动清水或生理盐水冲洗，及时就医。吸入时迅速脱离现场至空气新鲜处。食入时饮足量温水，催吐，及时就医。

灭火剂：抗溶性泡沫、干粉、二氧化碳、砂土。

消防措施：消防人员须佩戴防毒面具、穿全身消防服，在上风向灭火。尽可能将容器从火场移至空旷处。喷水保持火场容器冷却，直至灭火结束。容器突然发出异常声音或出现异常现象，应立即撤离。

任务六 易燃固体安全管理

一、任务背景

化学实验中经常会用到易燃固体，如果储存、操作不当，可能会发生燃烧引起火灾，所以要了解其危险特性，做好安全管理。

二、任务描述

实验室有硫黄等易燃固体，请制定易燃固体储存、操作注意事项和消防措施。

三、任务分组

<table>
<tr><td>班级</td><td></td><td>组号</td><td></td><td>指导老师</td><td></td></tr>
<tr><td>组长</td><td></td><td>学号</td><td colspan="3"></td></tr>
<tr><td rowspan="4">组员</td><td>姓名</td><td>学号</td><td>姓名</td><td colspan="2">学号</td></tr>
<tr><td></td><td></td><td></td><td colspan="2"></td></tr>
<tr><td></td><td></td><td></td><td colspan="2"></td></tr>
<tr><td></td><td></td><td></td><td colspan="2"></td></tr>
<tr><td>任务分工</td><td colspan="5"></td></tr>
</table>

四、获取信息

引导问题 1：查阅《危险货物分类和品名编号》（GB 6944—2012），说出易燃固体的分类和定义。

____

____

____

引导问题 2：查阅《化学品分类和危险性公示　通则》（GB 13690—2009），说出易燃固体、自反应物质和混合物的定义。

____

____

____

引导问题 3：查阅《关于危险货物运输的建议书　规章范本》（简称 TDG 法规）和《全球化学品统一分类和标签制度》（简称 GHS 法规），总结出两个法规中易燃固体、自反应物质和混合物象形图的区别。

____

____

____

引导问题 4：查阅硫黄、红磷等 MSDS 的有关内容，总结易燃固体的危险特性。

____

____

____

五、工作计划

引导问题 5：个人总结易燃固体的储存、操作注意事项和消防措施。

____

____

____

六、进行决策

引导问题 6：小组讨论，确定易燃固体储存、操作注意事项和消防措施。

____

____

____

七、工作实施

引导问题 7：请练习危险化学品库房存放仿真软件模块。（得分：　　　　）

八、评价反馈

项目名称	评价内容	满分	评价			综合得分
			自评	互评	师评	
职业素养（40%）	积极参加教学活动，按时完成学生工作活页	20				
	团队合作、与人交流能力	20				
专业能力（60%）	总结易燃固体储存、操作注意事项和消防措施	60				

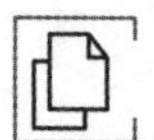

知识点提示

一、分类

1. 分类（GB 6944—2012）

易燃固体包括易燃固体、自反应物质和固态退敏爆炸品。

（1）易燃固体　易燃固体是易于燃烧的固体和摩擦可能起火的固体。

（2）自反应物质　即使没有氧气（空气）存在，也容易发生激烈放热分解的热不稳定物质。

（3）固态退敏爆炸品　是为抑制爆炸性物质的爆炸性能，用水和酒精湿润爆炸性物质，或用其他物质湿润爆炸性物质后，而形成的均匀固态混合物。

2. 分类（GB 13690—2009）

易燃固体和自反应物质或混合物是单独分类的。

（1）易燃固体　易燃固体是容易燃烧或通过摩擦可能引燃或助燃的固体。

（2）自反应物质或混合物　自反应物质或混合物是即便没有氧（空气）也容易发生激烈放热分解的热不稳定液态或固态物质或者混合物。本定义不包括根据统一分类制度分类为爆炸物、有机过氧化物或氧化物质的物质和混合物。

二、危险特性

（1）易燃性　易燃固体的燃点比较低，一般都在300℃以下，在常温下遇到能量很小的着火源就能点燃。比如铝粉、硫黄、樟脑。

（2）爆炸性、敏感性　具有较强的还原性，容易和氧化剂发生反应，容易发生火灾、爆炸；对明火、热源和撞击敏感，有些易燃固体受到摩擦、撞击、震动会引起剧烈连续的燃烧或爆炸。

（3）毒害性　有些易燃固体本身具有毒害性，能产生有毒气体和蒸气；有些在燃烧的同时产生大量的有毒气体或腐蚀性的物质，其毒害性也较大。

（4）自燃性　如赛璐珞、硝化棉及其制品在积热不散时容易自燃起火。

（5）遇湿易燃性　部分易燃固体不仅具有遇火受热的易燃性，而且还具有遇湿易燃性。

三、储存和使用

① 基于易燃固体的易燃性、爆炸性。易燃固体应远离火源，储存在通风、干燥、阴凉的仓库内；不能与酸、氧化剂、金属粉末、易燃易爆物品等物质同库贮存；使用中应轻拿轻放，避免摩擦和撞击，以免引起火灾。

② 基于毒害性。大多数易燃固体有有毒，燃烧后产生有毒物质，使用这类易燃物质或扑灭这类物质引起的火灾时应注意自身保护。

四、火灾扑救

多数易燃固体着火可以用水扑救，但镁粉、铝粉等金属粉末着火，不可用水、二氧化碳和泡沫灭火剂进行扑救。

五、典型易燃固体

1. 硫黄

硫黄为淡黄色脆性结晶或粉末，有特殊臭味；不溶于水，微溶于乙醇、醚，易溶于二硫化碳。

硫黄与卤素、金属粉末等接触剧烈反应。硫黄为不良导体，在储运过程中易产生静电荷，可导致硫尘起火。粉尘或蒸气与空气或氧化剂混合形成爆炸性混合物。

储存注意事项：储存于阴凉、通风的库房。库温不宜超过35℃。远离火种、热源。包装密封。应与氧化剂分开存放，切忌混储。采用防爆型照明、通风设施。禁止使用易产生火花的机械设备和工具。储存区域应备有合适的材料收容泄漏物。

急救措施：皮肤接触时脱去被污染的衣着，用肥皂水和清水彻底冲洗皮肤；眼睛接触时提起眼睑，用流动清水或生理盐水冲洗，及时就医。如吸入时迅速脱离现场至空气新鲜处，保持呼吸道通畅。如呼吸困难，给输氧。如呼吸停止，立即进行人工呼吸，及时就医。

灭火剂：遇小火用砂土闷熄。遇大火可用雾状水灭火。

消防措施：消防人员须佩戴防毒面具、穿全身消防服，在上风向灭火。尽可能将容器从火场移至空旷处。喷水保持火场容器冷却，直至灭火结束。

2. 红磷

紫红色无定形粉末，无臭，具有金属光泽，暗处不发光；不溶于水、二硫化碳，微溶于无水乙醇，溶于碱液。

遇明火、高热、摩擦、撞击有引起燃烧的危险。与氧化剂混合能形成爆炸性混合物。燃烧时放出有毒的刺激性烟雾。化学反应活性较高，与氟、氯等能发生剧烈的化学反应。

储存注意事项：储存于阴凉、通风的库房。库温不超过35℃，库房相对湿度低于80%。远离火种、热源。应与氧化剂、卤素、卤化物等分开存放，切忌混储。采用防爆型照明、通风设施。禁止使用易产生火花的机械设备和工具。储区应备有合适的材料收容泄漏物。禁止震动、撞击和摩擦。

急救措施：皮肤接触时脱去污染的衣着，立即用清水彻底冲洗，及时就医。眼睛接触时立即提起眼睑，用流动清水或生理盐水冲洗至少15分钟。吸入时迅速脱离现场至空气新鲜处，必要时进行人工呼吸，及时就医。食入时误服者给充分漱口、饮水，及时就医。

灭火剂：砂土，水。

消防措施：小火可用干燥砂土闷熄。大火用水灭火。待火熄灭后，须用湿砂土覆盖，以防复燃。清理时须注意防范，以免灼伤。

任务七 易于自燃物质安全管理

一、任务背景

化学实验中经常会用到易于自燃物质，如果储存、操作不当，可能会发生燃烧引起火灾，所以要了解其危险特性，做好安全管理。

二、任务描述

实验室有黄磷等易于自燃物质，请制定易于自燃物质储存、操作注意事项和消防措施。

三、任务分组

班级		组号		指导老师	
组长		学号			
组员	姓名	学号	姓名	学号	
任务分工					

四、获取信息

引导问题 1：查阅《危险货物分类和品名编号》（GB 6944—2012），说出易于自燃物质（发火物质和自热物质）的定义。

引导问题 2：查阅《化学品分类和危险性公示　通则》（GB 13690—2009），说出自燃液体、自燃固体、自热物质和混合物的定义。

引导问题 3：查阅《关于危险货物运输的建议书　规章范本》（简称 TDG 法规）和《全球化学品统一分类和标签制度》（简称 GHS 法规），总结出两个法规中自燃液体、自燃固体、自热物质和混合物象形图的区别。

引导问题 4：查阅黄磷、三氯化钛等 MSDS 的有关内容，总结易于自燃物质的危险特性。

五、工作计划

引导问题 5：个人总结易于自燃物质的储存、操作注意事项和消防措施。

____

____

____

六、进行决策

引导问题 6：小组讨论，确定易于自燃物质储存、操作注意事项和消防措施。

____

____

____

七、工作实施

引导问题 7：请练习危险化学品库房存放仿真软件模块。（得分：　　　　）

八、评价反馈

项目名称	评价内容	满分	评价			综合得分
			自评	互评	师评	
职业素养（40%）	积极参加教学活动，按时完成学生工作活页	20				
	团队合作、与人交流能力	20				
专业能力（60%）	总结易于自燃物质的储存、操作注意事项和消防措施	60				

知识点提示

一、易于自燃物质分类

1. 分类（GB 6944—2012）

包括发火物质和自热物质。

（1）发火物质　即使只有少量与空气接触，不到 5min 时间便燃烧的物质，包括混合物和溶液（液体或固体）。

（2）自热物质　发火物质以外的与空气接触便能自己发热的物质。

2. 分类（GB 13690—2009）

（1）自燃液体　自燃液体是即使数量小也能在与空气接触后 5min 之内引燃的液体。

（2）自燃固体　自燃固体是即使数量小也能在与空气接触后 5min 之内引燃的固体。

（3）自热物质和混合物　自热物质是发火液体或固体以外，与空气反应不需要能源供应就能够自己发热的固体或液体物质或混合物；这类物质或混合物与发火液体或固体不同，因为这类物质只有数量很大（公斤级）并经过长时间（几小时或几天）才会燃烧。

二、危险特性

易于自燃物质由于各自化学组成和结构不同，受温度、湿度和通风条件的影响不同，有不同的危险特性。

（1）氧化自燃　这类物质自燃点低，具有很强的还原性，和氧化剂接触立即发生氧化反应，并放出大量的热，达到自燃点从而燃烧甚至爆炸。

（2）积热自燃　含较多的不饱和双键的化合物，容易发生氧化反应，并放出热量。如果通风不良，热量积聚，一段时间后也会达到自燃点。

（3）遇湿易燃　有些物质遇水或受潮会分解导致自燃。

三、储存和使用

① 应根据不同物品的性质和要求，分别选择适当地点储存，严禁与其他危险化学品混储混运。避免与氧化剂、酸、碱、金属粉末、易燃易爆物品等接触。对忌水的物品必须密封包装，不能受潮。

② 易于自燃的物质应储存在通风、阴凉、干燥的区域，远离明火和热源，防止阳光直射。

③ 因这类物质一接触空气就会着火，使用时请注意安全。

④ 在使用、运输过程中应轻拿轻放，不得损坏容器。

四、火灾扑救

① 氧化自燃性物质如黄磷引发的火灾应用低压水或雾状水扑救，不能用高压水，因高压水冲击能导致黄磷飞溅，使灾害扩大。黄磷熔融液体应用沙袋等拦截并用雾状水冷却，冷却后的黄磷，用工具放入储水容器中。

② 积热自燃的物品如油布等引发的火灾，可以用水扑救。

五、典型易于自燃物质

1. 黄磷

黄磷又名白磷，是无色或黄色蜡状固体，有蒜臭味，在暗处发淡绿色磷光。不溶于水，微溶于苯、氯仿，易溶于二硫化碳。

黄磷接触空气能自燃并引起燃烧和爆炸。在潮湿空气中的自燃点低于在干燥空气中的自燃点。与氯酸盐等氧化剂混合会发生爆炸。其碎片和碎屑接触皮肤干燥后即着火，可引起严重的皮肤灼伤。

储存注意事项：黄磷应保存在水中，且必须浸没在水下，隔绝空气。储存于阴凉、通风良好的专用库房内。库温应保持在 1℃以上。远离火种、热源。应与氧化剂、酸类、卤素、食用化学品分开存放，切忌混储。采用防爆型照明、通风设施。禁止使用易产生火花的机械设备和工具。储区应备有合适的材料收容泄漏物。

急救措施：皮肤接触时脱去被污染的衣着，用大量流动清水冲洗。立即涂抹2%～3%硝酸银灭磷火，及时就医。眼睛接触时立即提起眼睑，用大量流动清水或生理盐水彻底冲洗至少15min，及时就医。吸入时迅速脱离现场至空气新鲜处，保持呼吸道通畅。如呼吸困难，给输氧。如呼吸停止，立即进行人工呼吸，及时就医。食入时立即用2%硫酸铜洗胃，或用1∶5000高锰酸钾洗胃。洗胃及导泻应谨慎，防止胃肠穿孔或出血，及时就医。

灭火剂：雾状水。

消防措施：消防人员必须穿全身耐酸碱消防服，佩戴空气呼吸器灭火。尽可能将容器从火场移至空旷处。喷水保持火场容器冷却，直至灭火结束。

2. 三氯化钛

三氯化钛是深紫色结晶，易潮解。溶于乙醇、乙腈，微溶于氯仿，不溶于乙醚和苯。

易自燃，暴露在空气或潮气中能燃烧。受高热分解产生有毒的腐蚀性烟气。在潮湿空气存在下，放出热和近似白色烟雾状有刺激性和腐蚀性的氯化氢气体。燃烧生成有害的氯化氢、氧化钛。

储存注意事项：储存于阴凉、通风的库房。远离火种、热源。包装要求密封，不可与空气接触。应与氧化剂等分开存放，切忌混储。不宜大量储存或久存。采用防爆型照明、通风设施。禁止使用易产生火花的机械设备和工具。

急救措施：吸入时迅速脱离现场至空气新鲜处。保持呼吸道通畅。如呼吸困难，给输氧。如呼吸、心跳停止，立即进行心肺复苏，及时就医。皮肤接触时立即脱去污染的衣着，用大量流动清水彻底冲洗至少15min，及时就医。眼睛接触时立即分开眼睑，用流动清水或生理盐水彻底冲洗5～10min，及时就医。食入时用水漱口，禁止催吐，给饮牛奶或蛋清，及时就医。

灭火剂：二氧化碳、干粉、砂土。

消防措施：消防人员必须佩戴空气呼吸器、穿全身防火防毒服，在上风向灭火。尽可能将容器从火场移至空旷处。喷水保持火场容器冷却，直至灭火结束。禁止用水和泡沫灭火。

任务八
遇水放出易燃气体的物质安全管理

一、任务背景

化学实验中经常会用到遇水放出易燃气体的物质，如果储存、操作不当，可能会发生燃烧引起火灾，所以要了解其危险特性，做好安全管理。

二、任务描述

实验室有钾、钠等遇水放出易燃气体的物质，请制定遇水放出易燃气体的物质储存、操作注意事项和消防措施。

三、任务分组

<table>
<tr><td>班级</td><td></td><td>组号</td><td></td><td>指导老师</td><td></td></tr>
<tr><td>组长</td><td></td><td>学号</td><td colspan="3"></td></tr>
<tr><td>组员</td><td colspan="5"><table><tr><td>姓名</td><td>学号</td><td>姓名</td><td>学号</td></tr><tr><td></td><td></td><td></td><td></td></tr><tr><td></td><td></td><td></td><td></td></tr><tr><td></td><td></td><td></td><td></td></tr></table></td></tr>
<tr><td>任务分工</td><td colspan="5"></td></tr>
</table>

四、获取信息

引导问题 1：查阅《危险货物分类和品名编号》（GB 6944—2012），说出遇水放出易燃气体物质的定义。

____

____

引导问题 2：查阅《化学品分类和危险性公示　通则》（GB 13690—2009），说出遇水放出易燃气体物质的定义。

____

____

引导问题 3：查阅《关于危险货物运输的建议书　规章范本》（简称 TDG 法规）和《全球化学品统一分类和标签制度》（简称 GHS 法规），总结出两个法规中遇水放出易燃气体物质象形图的区别。

____

____

____

引导问题 4：查阅锌粉、保险粉等 MSDS 的有关内容，总结遇水放出易燃气体物质的危险特性。

____

____

____

五、工作计划

引导问题 5：个人总结遇水放出易燃气体物质的储存、操作注意事项和消防措施。

____

____

____

六、进行决策

引导问题 6：小组讨论，确定遇水放出易燃气体物质储存、操作注意事项和消防措施。

____

____

____

七、工作实施

引导问题 7：请练习危险化学品库房存放仿真软件模块。（得分：　　　　）

八、评价反馈

项目名称	评价内容	满分	评价			综合得分
			自评	互评	师评	
职业素养（40%）	积极参加教学活动，按时完成学生工作活页	20				
	团队合作、与人交流能力	20				
专业能力（60%）	总结遇水放出易燃气体物质的储存、操作注意事项和消防措施	60				

知识点提示

一、定义

1. 遇水放出易燃气体的物质（GB 6944—2012）

指遇水放出易燃气体，且该气体与空气混合能够形成爆炸性混合物的物质。

2. 遇水放出易燃气体的物质或混合物（GB 13690—2009）

遇水放出易燃气体的物质或混合物是通过与水作用，容易具有自燃性或放出危险数量的易燃气体的固态或液态物质或混合物。

二、种类

活泼碱金属（钠、钾）、碱金属的氢化物、硼氢化物、碳化钾、碳化钙、磷镁粉、铝粉、氢化铝和钠、磷化锌、锌粉、保险粉。

三、危险特性

（1）遇水易燃易爆性　遇水后发生剧烈反应，产生的可燃气体多，放出的热量大。当达到爆炸极限时遇明火，会发生着火爆炸。

（2）化学反应性　遇水放出易燃气体的物质大都具有很强的还原性，与氧化剂等反应时，比遇水反应更剧烈，着火爆炸危险性更大。

（3）自燃危险性　有些遇水放出易燃气体的物质（如金属碳化物、硼氢化合物）放置于空气中即具有自燃性，有的（如氢化钾）遇水能生成可燃气体放出热量而具有自燃性。因此，这类物质储存时必须与水及潮气隔离。

（4）毒害性　部分物质如钠汞齐、钾汞齐等本身具有毒性，部分物质遇湿后还可能放出有毒的气体。

四、储存与使用

① 基于易燃易爆性。此类物品严禁露天存放，库房必须干燥，必须远离火种、热源。

② 基于自燃性等。包装必须严密，不得破损。钾、钠等活泼金属绝对不允许露置空气中，必须浸没在煤油中保存，容器不得渗漏。

③ 基于化学反应性。不得与其他类危险化学品，特别是酸类、氧化剂、含水物质、潮解性物质混储混运。

五、火灾扑救

此类物品灭火时严禁用水灭火，也不可以使用空气泡沫、化学泡沫、酸碱灭火器，还有二氧化碳、氮气和卤代烷不含水的灭火剂同样不可以使用，因为遇水放出易燃气体的物质一般都是碱金属、碱土金属以及这些金属的化合物，在高温时这类物质可与二氧化碳发生反应。可用的灭火剂有偏硼酸三甲酯（7150）、干砂、黄土、石粉等。

金属钾和钠可用干燥的食盐、碱面、石粉等灭火剂。

金属锂不可用砂（含二氧化硅）、碳酸钠干粉和食盐扑救；金属铯不能用石墨扑救。

六、典型物质

1. 锌粉

锌粉是浅灰色的细小粉末，溶于酸、碱。

具有强还原性。与水、酸类或碱金属氢氧化物接触能放出易燃的氢气。与氧化剂、硫黄反应会引起燃烧或爆炸。粉末与空气能形成爆炸性混合物，易被明火点燃引起爆炸，潮湿粉末在空气中易自行发热燃烧。

储存注意事项：储存于阴凉、干燥、通风良好的专用库房内，远离火种、热源。库房温度不超过32℃，相对湿度不超过75%。包装要求密封。应与氧化剂、酸类、碱类、胺类、氯代烃等分开存放，切忌混储。采用防爆型照明、通风设施。禁止使用易产生火花的机械设备和工具。储区应备有合适的材料收容泄漏物。

急救措施：皮肤接触时脱去被污染的衣着，用肥皂水和清水彻底冲洗皮肤。眼睛接触时提起眼睑，用流动清水或生理盐水冲洗，及时就医。吸入时迅速脱离现场至空气新鲜处，保持呼吸道畅通。如呼吸困难，给输氧。如呼吸停止，立即进行人工呼吸，及时就医。食入时饮足量温水，催吐，及时就医。

灭火剂：干粉、干砂。

消防措施：消防人员必须佩戴空气呼吸器、穿全身防火防毒服，在上风向灭火。尽可能将容器从火场移至空旷处。喷水保持火场容器冷却，直至灭火结束。禁止用水和泡沫灭火。

2. 保险粉

保险粉，又名连二亚硫酸钠。白色砂状结晶或淡黄色粉末，不溶于乙醇。

强还原剂。250℃时能自燃。加热或接触明火会引起燃烧。暴露在空气中会被氧化而变质。遇水、酸类或与有机物、氧化剂接触，都可放出大量热而引起剧烈燃烧，并放出有毒和易燃的二氧化硫。

储存注意事项：储存于阴凉、通风的库房。包装要求密封，不可与空气接触。应与氧化剂、酸类、易（可）燃物分开存放，切忌混储。采用防爆型照明、通风设施。禁止使用易产生火花的机械设备和工具。存储区域应备有合适的材料收容泄漏物。

急救措施：皮肤接触时脱去被污染的衣着，用大量流动清水彻底冲洗皮肤。眼睛接触时提起眼睑，用流动清水或生理盐水冲洗，及时就医。吸入时迅速脱离现场至空气新鲜处，保持呼吸道畅通。如呼吸困难，给输氧。如呼吸停止，立即进行人工呼吸，及时就医。食入时饮足量温水，催吐，及时就医。

灭火剂：干粉、二氧化碳、砂土。

消防措施：消防人员须佩戴防毒面具、穿全身消防服，在上风向灭火。尽可能将容器从火场移至空旷处。喷水保持火场容器冷却，直至灭火结束。禁止用水、泡沫、酸碱灭火剂灭火。

任务九 氧化性物质和有机过氧化物安全管理

一、任务背景

化学实验中经常会用到氧化性物质和有机过氧化物，如果储存、操作不当，可能会燃烧引起火灾或爆炸，所以要了解其危险特性，做好安全管理。

二、任务描述

实验室有过氧化氢、过氧乙酸等氧化性物质和有机过氧化物，请制定氧化性物质和有机过氧化物储存、操作注意事项和消防措施。

三、任务分组

<table>
<tr><td>班级</td><td></td><td>组号</td><td></td><td>指导老师</td><td></td></tr>
<tr><td>组长</td><td></td><td>学号</td><td colspan="3"></td></tr>
<tr><td rowspan="4">组员</td><td>姓名</td><td>学号</td><td>姓名</td><td colspan="2">学号</td></tr>
<tr><td></td><td></td><td></td><td colspan="2"></td></tr>
<tr><td></td><td></td><td></td><td colspan="2"></td></tr>
<tr><td></td><td></td><td></td><td colspan="2"></td></tr>
<tr><td>任务分工</td><td colspan="5"></td></tr>
</table>

四、获取信息

引导问题1：查阅《危险货物分类和品名编号》（GB 6944—2012），说出氧化性物质定义。

引导问题2：查阅《危险货物分类和品名编号》（GB 6944—2012），说出有机过氧化物定义。

引导问题3：查阅《化学品分类和危险性公示　通则》（GB 13690—2009），说出氧化性物质定义。

引导问题 4：查阅《化学品分类和危险性公示　通则》（GB 13690—2009），说出有机过氧化物定义。

引导问题 5：查阅《关于危险货物运输的建议书　规章范本》（简称 TDG 法规）和《全球化学品统一分类和标签制度》（简称 GHS 法规），总结出两个法规中氧化性物质和有机过氧化物象形图的区别。

引导问题 6：查阅过氧化氢、过氧乙酸等 MSDS 的有关内容，总结氧化性物质和有机过氧化物的危险特性。

五、工作计划

引导问题 7：个人总结氧化性物质和有机过氧化物的储存、操作注意事项和消防措施。

六、进行决策

引导问题 8：小组讨论，确定氧化性物质和有机过氧化物储存、操作注意事项和消防措施。

七、工作实施

引导问题 9：请练习危险化学品库房存放仿真软件模块。（得分：　　　　）

八、评价反馈

项目名称	评价内容	满分	评价			综合得分
			自评	互评	师评	
职业素养（40%）	积极参加教学活动，按时完成学生工作活页	20				
	团队合作、与人交流能力	20				
专业能力（60%）	总结氧化性物质和有机过氧化物储存、操作注意事项和消防措施	60				

知识点提示

一、氧化性物质

1. 定义

（1）氧化性物质　指本身未必燃烧，但通常因放出氧可能引起或促使其他物质燃烧的物质。

（2）氧化性液体　氧化性液体是本身未必燃烧，但通常因放出氧气可能引起或促使其他物质燃烧的液体。

（3）氧化性固体　氧化性固体是本身未必燃烧，但通常因放出氧气可能引起或促使其他物质燃烧的固体。

2. 危险特性

（1）受热分解性　当受热、撞击和摩擦等时，有些氧化剂极易发生反应放出热量，如遇可燃物，则会发生剧烈的化学反应。

（2）强氧化性　与易燃液体等接触后可发生化学反应，引起燃烧或爆炸。

（3）与酸反应性　多数氧化剂，特别是碱性氧化剂，遇酸剧烈反应甚至引起爆炸。

（4）遇湿分解性　有些氧化剂遇水或受潮能分解放出氧气，遇火源易使可燃物燃烧。

（5）毒性和腐蚀性　有些氧化剂具有一定的毒性和腐蚀性，能毒害人体，腐蚀烧伤皮肤。

二、有机过氧化物

1. 定义

有机过氧化物是指分子组成中含有两价—O—O—结构的液态或固态有机物质，可以看作是一个或两个氢原子被有机物替代的过氧化氢衍生物。

2. 危险特性

（1）爆炸分解性　含有过氧基的有机过氧化物对热、震动或摩擦极为敏感，受到外力作用时容易导致分解、爆炸。

（2）易燃性　许多有机过氧化物易燃，且燃烧迅速而猛烈。

（3）热不稳定性　有机过氧化物是热不稳定物质或混合物，容易放热自加速分解。

（4）反应性　与其他物质发生危险反应。

（5）敏感性　对热、撞击或摩擦敏感。

（6）毒害性　有机过氧化物的毒害性主要表现在容易对眼睛造成伤害，可能会对眼角膜造成严重伤害。

三、氧化性物质和有机过氧化物储存与使用

① 基于受热分解性或分解爆炸性，所有氧化性物质和有机过氧化物都怕热、怕撞击和摩擦。

② 基于强氧化性，保存时不能与有机物、可燃物、酸、氧化剂同柜储存。

不能与还原性物质或有机物混合，会氧化放热而着火，如高锰酸钾和甘油一经接触，很快就会着火。其他如过氯酸、高氯酸盐、铬酸、铬酐（CrO_3，氧化剂）等不能与甲醇、乙醇、松节油、甘油等接触；不能与酸类接触，氧化剂遇酸后大都反应强烈，如过氧化二苯甲酰、氧酸钾等，遇到硫酸后立即引起爆炸。氯酸盐类物质与强酸作用，产生 ClO_2（二氧化氯），而高锰酸盐与强酸作用，则产生 O_3（臭氧）；有些氧化剂不能与易燃固体接触，如氯酸、硝酸盐与硫、磷、镁、锌、铝等固体物质混合都会构成爆炸性混合物；有些品种的氧化剂也不能相互接触。如过氧化钠遇到高锰酸钾就要燃烧、爆炸。

③ 基于遇湿分解性，碱金属过氧化物与水作用产生 O_2，必须注意此类物质的防潮。

④ 基于毒害性和腐蚀性，在使用过程中注意防护。

四、氧化性物质和有机过氧化物火灾特点及扑救

1. 火灾特点

（1）燃烧猛烈，伴有爆炸　无机氧化剂本身不能燃烧，但它一旦被卷入燃烧，会因受高温作用而发生猛烈的燃烧或爆炸。有机过氧化物除具有极强的氧化性能外，本身也能燃烧。燃烧时火焰温度高，火势猛烈，也伴有爆炸，而且很难扑救。

（2）烟雾毒性强　燃烧中的氧化剂和过氧化物产生的烟雾和分解的气体，毒性很强，极易造成人员中毒。如高氯酸、氯酸钾、三氧化铬、重铬酸盐等本身毒性很强，燃烧所产生的烟雾也具有很强的毒性，大量吸入会致人中毒死亡。

（3）扑救难度大　由于氧化性物质和有机过氧化物性质各异，特别是活泼金属的过氧化物，如过氧化钾（钠）等，含有过氧基（—O—O—），遇水分解放出氧气和热量，有助燃作用，使火势更猛烈，甚至爆炸，因此灭火时不能用水、泡沫、二氧化碳等灭火剂。但是，有的氧化性物质和有机过氧化物燃烧可用大量的水扑救。

2. 扑救方法

（1）采用淹浸灭火　由于氧化性物质和过氧化物着火或被卷入火中时，会放出氧，加剧火势。即使在惰性气体中，燃烧仍能继续。因此无论是采取封闭，还是用蒸气、二

氧化碳及其他惰性气体灭火都是无效的。如使用少量的水灭火，还会引起过氧化物的剧烈反应。因此，使用大量的水或用水淹浸灭火，才是控制和熄灭氧化性物质和有机过氧化物火灾的最为有效的方法。

（2）疏散或投弃，控制火势　有机过氧化物着火或被卷入火中时，可能导致爆炸。如有可能应迅速将这些包件疏散移开火场，或予以投弃。人员应尽可能远离火场，并在有防护的地方实施灭火。

（3）正确选用灭火剂，及时扑灭火灾　一般情况下氧化性物质和有机过氧化物燃烧，应采用大量水来扑灭，但对于少数活泼金属氧化剂则忌用水，可采用干粉等其他灭火剂施救。要避免因灭火剂使用不当而引起火势扩大或爆炸伤人。

五、典型氧化性物质和有机过氧化物

1. 过氧化氢

过氧化氢是一种无机化合物，化学式为 H_2O_2。纯过氧化氢是淡蓝色的黏稠液体，可任意比例与水混溶，是一种强氧化剂，其水溶液俗称双氧水，为无色透明液体。其水溶液适用于医用伤口消毒及环境消毒和食品消毒。

高含量的过氧化氢极不稳定，极易发生爆炸。过氧化氢溶液（含量大于 8%）是易制爆化学品。在实验室切不可用蒸馏的方式浓缩过氧化氢水溶液。

储存注意事项：储存于阴凉、干燥、通风良好的专用库房内，远离火种、热源。库温不超过 30℃，相对湿度不超过 80%。保持容器密封。应与易（可）燃物、还原剂、活性金属粉末等分开存放，切忌混储。储存区域应备有泄漏应急处理设备和合适的收容材料。

急救措施：吸入时迅速脱离现场至空气新鲜处，保持呼吸道通畅。如呼吸困难，给输氧。如呼吸、心跳停止，立即进行心肺复苏，及时就医。皮肤接触时立即脱去污染的衣着，用大量流动清水彻底冲洗至少 15min，及时就医。眼睛接触时立即分开眼睑，用流动清水或生理盐水彻底冲洗 5~10min，及时就医。食入时用水漱口，禁止催吐，给饮牛奶或蛋清，及时就医。

灭火剂：本品不燃。根据着火原因选择适当灭火剂灭火。

消防措施：消防人员须戴好防毒面具，在安全距离以外，在上风向灭火。尽可能将容器从火场移至空旷处。喷水保持火场容器冷却，直至灭火结束。容器突然发出异常声音或出现异常现象，应立即撤离。禁止用砂土压盖。

2. 过氧乙酸

过氧乙酸，是一种有机化合物，化学式为 CH_3COOOH，有强烈刺激性气味，溶于水、醇、醚、硫酸。属强氧化剂，极不稳定。纯过氧乙酸极不稳定，在 -20℃时就会发生猛烈爆炸，所以市场上出售的过氧乙酸大都是浓度为 40% 左右的过氧乙酸溶液，但其性质也很不稳定，在室温下可以分解放出氧气，遇明火或高温发生自燃、燃烧或爆炸。

过氧乙酸是一种绿色生态杀菌剂，在环境中没有任何残留。过氧乙酸为强氧化剂，有很强的氧化性，遇有机物放出新生态氧而起氧化作用，与次氯酸钠、漂白粉等被作为医疗或生活消毒药物使用，为高效、速效、低毒、广谱杀菌剂，对细菌繁殖体、芽孢、病毒、霉菌均有杀灭作用。此外，由于过氧乙酸在空气中具有较强的挥发性，对空气进行杀菌、消毒具有良好的效果，而且价格便宜。

储存注意事项：储存于有冷藏装置、通风良好、散热良好的不燃结构的库房内。远离火种、热源。库温不超过 30℃，相对湿度不超过 80%。避免光照。保持容器密封。应与还原剂、碱类、金属盐类分开存放，切忌混储。采用防爆型照明、通风设施。禁止使用易产生火花的机械设备和工具。储存区域应备有泄漏应急处理设备和合适的收容材料。禁止震动、撞击和摩擦。

急救措施：吸入时迅速脱离现场至空气新鲜处，保持呼吸道通畅。如呼吸困难，给输氧。如呼吸、心跳停止，立即进行心肺复苏，及时就医。皮肤接触时立即脱去污染的衣着，用大量流动清水彻底冲洗至少 15min，及时就医。眼睛接触时立即分开眼睑，用流动清水或生理盐水彻底冲洗 5~10min。就医。食入时用水漱口，禁止催吐，给饮牛奶或蛋清，及时就医。

灭火剂：水、雾状水、抗溶性泡沫、二氧化碳。

消防措施：消防人员必须穿全身耐酸碱消防服、佩戴空气呼吸器灭火。在物料附近失火，须用水保持容器冷却。消防人员须在有防爆掩蔽处操作。容器突然发出异常声音或出现异常现象，应立即撤离。禁止用砂土压盖。

任务十 腐蚀品安全管理

一、任务背景

化学实验中经常会用到腐蚀品，如果储存、操作不当，可能会发生人身伤害事故，所以要了解其危险特性，做好安全管理。

二、任务描述

实验室有盐酸等腐蚀品，请制定腐蚀品储存、操作注意事项和消防措施。

三、任务分组

<table>
<tr><td>班级</td><td></td><td>组号</td><td></td><td>指导老师</td><td></td></tr>
<tr><td>组长</td><td></td><td>学号</td><td colspan="3"></td></tr>
<tr><td rowspan="5">组员</td><td>姓名</td><td>学号</td><td>姓名</td><td colspan="2">学号</td></tr>
<tr><td></td><td></td><td></td><td colspan="2"></td></tr>
<tr><td></td><td></td><td></td><td colspan="2"></td></tr>
<tr><td></td><td></td><td></td><td colspan="2"></td></tr>
<tr><td></td><td></td><td></td><td colspan="2"></td></tr>
<tr><td>任务分工</td><td colspan="5"></td></tr>
</table>

四、获取信息

引导问题 1：查阅《危险货物分类和品名编号》（GB 6944—2012），说出腐蚀品定义。

引导问题 2：查阅《化学品分类和危险性公示　通则》（GB 13690—2009），说出金属腐蚀物定义。

引导问题 3：查阅《关于危险货物运输的建议书 规章范本》（简称 TDG 法规）和《全球化学品统一分类和标签制度》（简称 GHS 法规），总结出两个法规中腐蚀品象形图的区别。

引导问题 4：查阅硫酸、氢氧化钠等 MSDS 的有关内容，总结腐蚀品的危险特性。

五、工作计划

引导问题 5：个人总结腐蚀品的储存、操作注意事项和消防措施。

六、进行决策

引导问题 6：小组讨论，确定腐蚀品储存、操作注意事项和消防措施。

____

____

____

____

____

____

____

____

七、工作实施

引导问题 7：请练习危险化学品库房存放仿真软件模块。（得分：　　）

八、评价反馈

项目名称	评价内容	满分	评价			综合得分
			自评	互评	师评	
职业素养（40%）	积极参加教学活动，按时完成学生工作活页	20				
	团队合作、与人交流能力	20				
专业能力（60%）	总结腐蚀品储存、操作注意事项和消防措施	60				

知识点提示

一、定义

1. 腐蚀性物质（GB 6944—2012）

腐蚀性物质是指通过化学作用使生物组织接触时造成严重损伤或在泄漏时会严重损害甚至毁坏其他货物或运载工具的物质。

2. 金属腐蚀剂（GB 13690—2009）

金属腐蚀剂是腐蚀金属的物质或混合物，是通过化学作用显著损坏或毁坏金属的物质或混合物。

二、危险特性

（1）腐蚀性　这是腐蚀品的主要特性，主要体现在三个方面：对人体的伤害、对有机物的腐蚀和对金属和非有机物的腐蚀。

（2）毒害性　有很多腐蚀品可以产生不同程度的有毒气体和蒸气，能造成人体中毒。如发烟氢氟酸的蒸气在空气中短时间接触也是有害的，发烟硫酸挥发的三氧化硫对人体也具有很大的毒害性。

（3）易燃性　许多有机腐蚀品都具有易燃性。

（4）氧化性　有些腐蚀品本身虽然不燃烧，但具有较强的氧化性，是氧化性很强的氧化剂，当它与某些可燃物接触时都有着火或爆炸的危险。如高氯酸浓度超过 72% 时遇热极易爆炸，属爆炸品；浓度低于 72% 时属无机酸性腐蚀品，但遇还原剂、受热等情况下也会发生爆炸。

（5）遇水反应性　有些腐蚀品遇水会发生猛烈的分解放热反应，有时还会释放出有害的腐蚀性气体，有可能引燃邻近的可燃物，甚至引发爆炸事故。

三、储存和使用

① 储存在阴凉、通风和干燥的场所，避免阳光直射，远离火源。

② 酸性腐蚀品应远离氧化剂、遇湿易燃物品。

③ 基于易燃性，有机腐蚀品严禁接触明火或氧化剂。

④ 基于腐蚀性和毒害性，注意防护如戴防护手套、口罩等，受到腐蚀后用大量水冲洗。

⑤ 基于遇水反应性，如五氧化二磷、三氯化铝等遇水分解的腐蚀品应储存在干燥的库房内，严禁进水。

四、火灾扑救

① 腐蚀品着火，一般可以用雾状水或干砂、泡沫及干粉等扑救，不宜用高压水，以防酸液四溅，伤害扑救人员。

② 硫酸、卤化物及强碱等，遇水发热、分解或遇水产生酸性烟雾的腐蚀品，不能用水施救，可以用干砂、泡沫、干粉扑救。

③ 灭火人员应当注意防腐蚀、防毒气，戴防毒口罩、防护眼镜或隔绝式防护面具，穿橡胶雨衣和长筒胶鞋，戴防腐手套等。

④ 灭火时人员应当站在上风头，发现中毒者，应当立即送往医院抢救，并说明中毒物品的品名，以便医生救治。

五、典型腐蚀品

1. 硫酸

硫酸纯品为无色透明油状液体，无臭，可与水、乙醇混溶。

硫酸对皮肤、黏膜等组织有强烈的刺激和腐蚀作用。硫酸蒸气或酸雾可引起结膜炎、结膜水肿、角膜混浊，以致失明；引起呼吸道刺激，重者发生呼吸困难和肺水肿；高浓度引起喉痉挛或声门水肿而窒息死亡。口服后引起消化道灼伤以致形成溃疡；严重者可能会胃穿孔、腹膜炎、肾损害、休克等。皮肤灼伤轻者出现红斑、重者形成溃疡，愈后瘢痕收缩影响皮肤功能。溅入眼内可造成灼伤，甚至角膜穿孔、全眼炎以致失明。慢性影响有牙齿酸蚀症、慢性支气管炎、肺气肿和肺硬化。

储存注意事项：储存于阴凉、通风的库房。保持容器密封。应与易（可）燃物、还原剂、碱类、碱金属、食用化学品分开存放，切忌混储。储存区域应备有泄漏应急处理设备和合适的收容材料。

急救措施：吸入时迅速脱离现场至空气新鲜处，保持呼吸道通畅。如呼吸困难，给输氧。如呼吸、心跳停止，立即进行心肺复苏，及时就医。皮肤接触时立即脱去污染的衣着，用大量流动清水彻底冲洗至少 15min，及时就医。眼睛接触时立即分开眼睑，用流动清水或生理盐水彻底冲洗 5~10min，及时就医。食入时用水漱口，禁止催吐，给饮牛奶或蛋清，及时就医。

灭火剂：本品不燃。根据着火原因选择适当灭火剂灭火。

消防措施：消防人员必须穿全身耐酸碱消防服、佩戴空气呼吸器灭火。尽可能将容器从火场移至空旷处。喷水保持火场容器冷却，直至灭火结束。避免水流冲击物品，以免遇水会放出大量热量发生喷溅而灼伤皮肤。

2. 氢氧化钠

纯品为无色透明晶体。吸湿性强。易溶于水、乙醇、甘油，不溶于丙酮、乙醚。

本品有强烈刺激和腐蚀性。粉尘刺激眼和呼吸道，腐蚀鼻中隔；皮肤和眼直接接触可引起灼伤；误服可造成消化道灼伤，黏膜糜烂、出血和休克。

储存注意事项：储存于阴凉、干燥、通风良好的库房。远离火种、热源。库房温度不超过 35℃，相对湿度不超过 80%。包装必须密封，切勿受潮。应与易（可）燃物、酸类等分开存放，切忌混储。储存区域应备有合适的材料收容泄漏物。

急救措施：吸入时迅速脱离现场至空气新鲜处，保持呼吸道通畅。如呼吸困难，给输氧。如呼吸、心跳停止，立即进行心肺复苏，及时就医。皮肤接触时立即脱去污染的衣着，用大量流动清水彻底冲洗至少 15min，及时就医。眼睛接触时立即分开眼睑，用流动清水或生理盐水彻底冲洗 5 ～ 10min，及时就医。食入时用水漱口，禁止催吐，给饮牛奶或蛋清，及时就医。

灭火剂：本品不燃。根据着火原因选择适当灭火剂灭火。

消防措施：消防人员必须穿全身耐酸碱消防服、佩戴空气呼吸器灭火。尽可能将容器从火场移至空旷处。喷水保持火场容器冷却，直至灭火结束。

任务十一 毒性物质安全管理

一、任务背景

化学实验中经常会用到毒性物质甚至是剧毒品，如果储存、操作不当，可能会发生严重人体中毒，所以要了解其危险特性，做好安全管理。

二、任务描述

实验室有三氧化二砷等剧毒品，请制定毒性物质储存、操作注意事项和消防措施。

三、任务分组

<table>
<tr><td>班级</td><td></td><td>组号</td><td></td><td>指导老师</td><td></td></tr>
<tr><td>组长</td><td></td><td>学号</td><td colspan="3"></td></tr>
<tr><td rowspan="4">组员</td><td>姓名</td><td>学号</td><td>姓名</td><td colspan="2">学号</td></tr>
<tr><td></td><td></td><td></td><td colspan="2"></td></tr>
<tr><td></td><td></td><td></td><td colspan="2"></td></tr>
<tr><td></td><td></td><td></td><td colspan="2"></td></tr>
<tr><td>任务分工</td><td colspan="5"></td></tr>
</table>

四、获取信息

引导问题 1：查阅《危险货物分类和品名编号》（GB 6944—2012），说出毒性物质定义。

____

____

____

引导问题 2：查阅《化学品分类和危险性公示　通则》（GB 13690—2009），说出急性毒性定义。

____

____

____

引导问题 3：查阅《关于危险货物运输的建议书 规章范本》（简称 TDG 法规）和《全球化学品统一分类和标签制度》（简称 GHS 法规），总结出两个法规中毒性物质象形图的区别。

____

____

____

引导问题 4：查阅氰化钠、三氧化二砷等 MSDS 的有关内容，总结毒性物质的危险特性。

____

____

____

五、工作计划

引导问题 5：个人总结毒性物质的储存、操作注意事项和消防措施。

______

______

______

六、进行决策

引导问题 6：小组讨论，确定毒性物质的储存、操作注意事项和消防措施。

______

______

______

七、工作实施

引导问题 7：请练习危险化学品库房存放仿真软件模块。（得分：　　　）

八、评价反馈

项目名称	评价内容	满分	评价			综合得分
			自评	互评	师评	
职业素养（40%）	积极参加教学活动，按时完成学生工作活页	20				
	团队合作、与人交流能力	20				
专业能力（60%）	总结毒性物质储存、操作注意事项和消防措施	60				

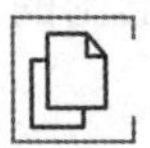

知识点提示

一、毒性物质

经吞食、吸入或皮肤接触后可能造成死亡或严重受伤或损害人类健康的物质称为毒性物质。

毒性物质的毒性分为急性口服毒性、急性皮肤接触毒性和急性吸入毒性（包括急性吸入粉类和烟雾毒性、急性吸入蒸气毒性）。分别用口服毒性半数致死量 LD_{50}、皮肤接触毒性半数致死量 LD_{50}、吸入毒性半数致死浓度 LC_{50} 衡量。

本项包括满足下列条件之一的毒性物质：急性口服毒性 $LD_{50} \leqslant 300mg/kg$；急性皮肤接触毒性 $LD_{50} \leqslant 1000mg/kg$；急性吸入粉尘和烟雾毒性 $LC_{50} \leqslant 4mg/L$，急性吸入蒸气毒

性 $LC_{50} \leqslant 5000mL/m^3$，且在 20℃和标准大气压下的饱和蒸气浓度大于或等于 1/5 LC_{50}。

急性毒性是指在单剂量或在 24h 内多剂量口服或皮肤接触一种物质，或吸入接触 4h 之后出现的有害效应。

《危险化学品目录》（2022 调整版）明确了剧毒化学品的定义和判定界限，包括人工合成的化学品及其混合物和天然毒素，还包括具有急性毒性易造成公共安全危害的化学品。剧烈急性毒性判定界限为急性毒性类别 1，即满足下列条件之一：大鼠实验，经口 $LD_{50} \leqslant 5mg/kg$，经皮 $LD_{50} \leqslant 50mg/kg$，吸入（4h）$LC_{50} \leqslant 100mL/m^3$（气体）或 0.5mg/L（蒸气）或 0.05mg/L（尘、雾）。经皮 LD_{50} 的实验数据，也可使用兔实验数据。

二、实验室常见剧毒品

无机剧毒物质：氰化钠、氢氰酸、三氧化二砷、氯化汞、硫酸铊等。

有机剧毒物质：有机磷农药（敌敌畏、毒鼠磷），含氮、硫、氧的一些生物碱，如烟碱、马钱子碱等。

三、危险特性

① 剧烈的毒害性，少量进入机体即可造成中毒或死亡。

② 部分具有易燃、易爆和腐蚀等特性。

③ 一些毒性物质和其他物质混合是剧烈反应，甚至发生爆炸。如氰化物与硝酸盐反应，可以引起爆炸。

④ 一些毒性物质能与其他物质反应产生剧毒气体。如氰化物与酸接触生成氰化氢气体。

四、储存与使用

① 剧毒品应贮存在阴凉、通风、干燥的场所，不要接近酸类物质。

② 要执行“五双制度”，即双人收发、双人运输、双人使用、双人双锁、双人保管的管理体制。

③ 委派专人管理，实行剧毒化学品集中保管、统一发放、免费使用制度。

④ 使用者填写领用单，签订“剧毒化学品领用承诺书”，教师、实验室主任签字。

⑤ 要设专用库房和防盗保险柜。

⑥ 毒害品仓库温度不宜超过 32℃，相对湿度应控制在 80% 以下。对氰化物，库内要保持干燥，因为氰化物与潮湿空气接触可产生剧毒的氰化氢气体。

五、防止中毒的措施

① 以无毒、低毒的化学品或工艺代替有毒或剧毒的化学品或工艺。这是从根本上解决问题的最好办法。

② 加强个人防护。个人防护用品有防护服、防毒面具、氧气呼吸器和防护眼镜等。

③ 要注意通风。

④ 注意回收。收集有毒废液，委托有资质的公司处置。

任务十二 实验室危险化学品存放与取用隐患排查

一、任务背景

在实验室工作或学习过程中不可避免地要接触化学品，特别是危险化学品，了解危险化学品的存放与取用原则和注意事项，保护个人和实验室安全，避免安全隐患。

二、任务描述

排查实验室化学品存放和取用安全隐患。

三、任务分组

<table>
<tr><td>班级</td><td></td><td>组号</td><td></td><td>指导老师</td><td></td></tr>
<tr><td>组长</td><td></td><td>学号</td><td colspan="3"></td></tr>
<tr><td rowspan="4">组员</td><td colspan="2">姓名</td><td>学号</td><td>姓名</td><td>学号</td></tr>
<tr><td colspan="2"></td><td></td><td></td><td></td></tr>
<tr><td colspan="2"></td><td></td><td></td><td></td></tr>
<tr><td colspan="2"></td><td></td><td></td><td></td></tr>
<tr><td>任务分工</td><td colspan="5"></td></tr>
</table>

四、获取信息

引导问题 1：根据相关标准和规范，分析什么是隔离贮存、隔开贮存和分离贮存。

____

____

五、工作计划

引导问题 2：查阅资料，个人提出危险化学品存放和取用注意事项。

____

____

____

六、进行决策

引导问题 3：小组讨论，确定方案。

____

____

七、工作实施

请练习实验室安全 3D 仿真软件中危险化学品存放与取用模块。（得分：　　　）

八、评价反馈

项目名称	评价内容	满分	评价			综合得分
			自评	互评	师评	
职业素养（40%）	积极参加教学活动，按时完成学生工作活页	20				
	团队合作、与人交流能力	20				
专业能力（60%）	正确操作软件中危险化学品存放与取用模块	40	/	/	/	
	总结危险化学品存放与取用注意事项	20				

知识点提示

1. 遇火、遇热、遇潮能引起燃烧、爆炸或发生化学反应，产生有毒气体的化学危险品不得在露天或在潮湿、积水的建筑物中贮存。

2. 受日光照射能发生化学反应引起燃烧、爆炸、分解、化合或能产生有毒气体的化学危险品应贮存在一级建筑物中。其包装应采取避光措施。

3. 爆炸物品不准和其他类物品同贮，必须单独隔离限量贮存，仓库不准建在城镇，还应与周围建筑、交通干道、输电线路保持一定安全距离。

4. 压缩气体和液化气体必须与爆炸物品、氧化剂、易燃物品、自燃物品、腐蚀性物品隔离贮存。易燃气体不得与助燃气体、剧毒气体同贮；氧气不得与油脂混合贮存，盛装液化气体的容器属压力容器的，必须有压力表、安全阀、紧急切断装置，并定期检查，不得超装。

5. 易燃液体、遇湿易燃物品、易燃固体不得与氧化剂混合贮存。

6. 有毒物品应贮存在阴凉、通风、干燥的场所，不要露天存放，不要接近酸类物质。

7. 腐蚀性物品，包装必须严密，不允许泄漏，严禁与液化气体和其他物品共存。

8. 必须使用二次容器，防止泄漏。

9. 使用化学品必须佩戴劳动防护用品，如手套、口罩，不要直接用手接触化学品。

10. 化学品容器使用后必须加盖，防止出现挥发。

11. 仔细地检查容器，看是否有泄漏、容器磨损现象，标签是否完好和日期是否清晰等。及时报告发现的任何问题。

12. 化学品容器应保持密闭状态——只在使用时开启。

13. 所有化学药品的容器都要贴上清晰标签，以标明内容及其潜在危险。

14. 化学药品应贮存在合适的高度，通风橱内不得贮存化学药品。

15. 装有腐蚀性液体容器的贮存位置应当尽可能低，并加垫收集盘，以防倾洒引起安全事故。

16. 挥发性和毒性物品需要特殊贮存条件，未经允许不得在实验室贮存剧毒药品。

17. 在实验室内不得贮存大量易燃溶剂，用多少领多少。未使用的整瓶试剂须放置在远离光照、热源的地方。

项目六

实验室危险废物分类与处置

典型案例

案例 1：格兰萨索实验室污染地下水事件

格兰萨索实验室是意大利国家核物理研究院所属的四大国家实验室之一，它是意大利的地下物理研究中心。2016 年 8 月，格兰萨索实验室将 50L 有毒化学溶剂二氯甲烷排入地下水中，造成泰拉莫省 32 个城市地下水遭到污染，70 万民众的用水安全受到影响。事发后，意大利政府共投入 8000 万欧元，用以改善被污染的水资源。

案例 2：云南省某大学废物爆炸事故

事故经过：

2008 年 7 月 11 日，云南省某大学微生物研究所楼 510 室发生爆炸，三年级博士生刘某被炸成重伤。

事故原因：

在收集实验废料时，操作不当引发爆炸。

事故后果：

1 名博士生重伤。

安全警示：

（1）实验室内部需划定实验废弃物存放区，存放区需通风良好、远离火源，避免高温日晒、雨淋，避免相反应的危废物近距离存放，存放区还需张贴警示标识。

（2）实验废弃物收集容器上需张贴标签，标签上需注明废弃物类别、房间号等信息。

（3）实验产生的废液需根据废液性质、所含物质种类倒入相应的收集容器内，严禁将其倒入水槽，严禁随意丢弃。

案例 3：某高校废弃金属钠燃烧事故

事故经过：

某高校学生在进行实验时不慎踢翻了废钠试剂瓶，之后用湿拖把擦拭，钠立即自燃并点燃了室内的甲苯，整个房间在不到 1 分钟时间内一片漆黑。好在及时使用了灭火器，否则持续蔓延的大火会引爆实验室钢瓶，后果不堪设想。

事故原因：

活泼金属试剂（如氢化钠、氢化钙、金属钾、金属钠、金属锂、正丁基锂、叔丁基锂、氢化铝锂、氨基锂等）具有极强的还原性，遇水、氧化剂均极易发热燃烧。

事故后果：

钠自燃并点燃甲苯，实验室受损。

安全警示：

要熟悉实验过程中使用的试剂、药品特性，并了解应急处置措施。

学习目标

知识目标

1. 掌握实验室危险废物的分类。
2. 熟悉实验室危险废物代码和危险特性。
3. 掌握废弃物处理的原则与方法。

能力目标

1. 能分类收集实验室危险废物。
2. 会正确填写实验室危险废物管理台账。
3. 会正确填写实验室危险废物容器标签。

素质目标

1. 培养安全意识。
2. 培养环境保护意识。

任务一 实验室危险废物认知

一、任务背景

由于教学、科研的需要，即便是一项实验中，通常也会用到多种化学试剂，往往一个试验就会产生含很多有害物质的废液或多种废液；实验室废液大多是少量、间断性产生，零星地在多个型号各异的小型容器中暂存；具有毒性、腐蚀性、爆炸性、易燃性、挥发性等多种危害性。实验室废液的产生、收集以及特性等情况都由试验者本人所掌控，其他人很难及时了解详细信息。若实验人员环境保护意识不强、工作习惯不好，就会造成有意、无意的无组织排放，导致监督和管理存在困难。

二、任务描述

科学判断化学实验室中应该收集的实验室危险废物。

三、任务分组

<table>
<tr><td>班级</td><td></td><td>组号</td><td></td><td>指导老师</td><td></td></tr>
<tr><td>组长</td><td></td><td>学号</td><td colspan="3"></td></tr>
<tr><td rowspan="4">组员</td><td>姓名</td><td>学号</td><td>姓名</td><td colspan="2">学号</td></tr>
<tr><td></td><td></td><td></td><td colspan="2"></td></tr>
<tr><td></td><td></td><td></td><td colspan="2"></td></tr>
<tr><td></td><td></td><td></td><td colspan="2"></td></tr>
<tr><td>任务分工</td><td colspan="5"></td></tr>
</table>

四、获取信息

引导问题 1：查阅《国家危险废物名录》(2021 年版)，说出危险废物的定义。

____

____

引导问题 2：查阅《国家危险废物名录》（2021 年版），说出实验室危险废物的类别。

____

____

引导问题 3：查阅《最高人民法院、最高人民检察院关于办理环境污染刑事案件适用法律若干问题的解释》，说明危险废物非法排放的有关处罚规定有哪些。

____

____

____

五、工作计划

引导问题 4：查阅资料，个人分析化学实验室中有哪些危险废物需要收集。

____

____

____

六、进行决策

引导问题 5：小组讨论，确定化学实验室需要收集的危险废物。

____

____

____

七、工作实施

引导问题6：分组展示，确定最终方案。

____

____

____

____

八、评价反馈

项目名称	评价内容	满分	评价			综合得分
			自评	互评	师评	
职业素养（40%）	积极参加教学活动，按时完成学生工作活页	20				
	团队合作、与人交流能力	20				
专业能力（60%）	任务完成情况	60				

知识点提示

一、危险废物定义

危险废物是指具有下列情形之一的固体废物（包括液态废物）：具有毒性、腐蚀性、易燃性、反应性或者感染性一种或者几种危险特性的；不排除具有危险特性，可能对生态环境或者人体健康造成有害影响，需要按照危险废物进行管理的。

二、实验室危险废物判断依据

①《国家危险废物名录》中规定，“生产、研究、开发、教学、环境检测（监测）活动中，化学和生物实验室（不包括感染性医学实验室及医疗机构化验室）产生的含氰、氟、重金属无机废液及无机废液处理产生的残渣、残液，含矿物油、有机溶剂、甲醛有机废液，废酸、废碱，具有危险特性的残留样品，以及沾染上述物质的一次性实验用品（不包括按实验室管理要求进行清洗后的废弃的烧杯、量器、漏斗等实验室用品）、包装物（不包括按实验室管理要求进行清洗后的试剂包装物、容器）、过滤吸附介质等”均属于危险废物，类别为“HW49 其他废物”。

②《最高人民法院、最高人民检察院关于办理环境污染刑事案件适用法律若干问题的解释》规定，具有下列情形之一的，应当认定为“严重污染环境”：非法排放、倾倒、处置危险废物三吨以上的；排放、倾倒、处置含铅、汞、镉、铬、砷、铊、锑的污染物，超过国家或者地方污染物排放标准三倍以上的；排放、倾倒、处置含镍、铜、锌、银、钒、锰、钴的污染物，超过国家或者地方污染物排放标准十倍以上的。

三、实验室危险废物种类

① 实验室做完实验产生的废液，包括酸、碱，含铅、汞、镉、铬、砷、铊、锑、镍、铜、锌、银、钒、锰、钴等无机废液和所有的有机废液。

② 实验室外购的瓶装过期的化学试剂。化学试剂的保质期限见国家相关标准，一般规定为三年。

③ 实验室实验过程中产生的空试剂瓶（塑料、玻璃）、破碎玻璃仪器等。

④ 沾染了化学试剂的试管、滤纸、手套、针头等。

任务二 实验室危险废弃物分类收集

一、任务背景

化学实验室在运行过程中不可难免地会产生一些废弃物，尽管这些废弃物的总体数量比较少，但是实验室排放的物质成分复杂，具有不确定性及动态性等特点，其环境危害性不容低估。一些废弃物具有易燃、易爆、腐蚀、有毒等危险特性，如果处置与管理不当，不但产生污染，而且将对人身安全与健康造成伤害。2005 年 7 月，教育部、国家环保总局（现为中华人民共和国生态环境部）联合下发《关于加强高等学校实验室排污管理的通知》（教技〔2005〕3 号），要求高校实验室按照国家地方环境保护法规制度，加强实验过程中的废气、废液、固体废物、噪声、辐射等污染防治工作。《关于开展高等学校实验室危险品安全自查工作的通知》和《关于开展科研实验室安全检查的通知》文件要求高等学校实验废弃物按照危险废物进行分类管理，以及通过有资质的企业处置。因此，对实验室中的废弃物进行源头控制、分类收集、定点贮存、合理处置显得尤为重要。

二、任务描述

某实验后，产生了几种废弃物品，有含 H_2SO_4 的废液，含 NaOH 的废液，含 CCl_4 的卤素溶液，一次性手套和口罩、空试剂瓶，请根据废弃物的性质进行适当的处理。

三、任务分组

班级		组号		指导老师	
组长		学号			
组员	姓名	学号	姓名	学号	
任务分工					

四、获取信息

引导问题 1：目前化学实验室危险废物收集中存在的问题有哪些？

____

____

____

引导问题 2：根据《实验室废弃化学品收集技术规范》（GB/T 31190—2014），实验室危险废弃物如何分类？

____

____

____

五、工作计划

引导问题 3：针对本任务中的实验室危险废弃物，如何正确分类收集这些实验室废弃物？

____

____

____

六、进行决策

引导问题 4：小组内讨论，针对本任务中的实验室危险废弃物，确定分类收集实验室废弃物最终方案。

____

____

七、工作实施

请练习实验室安全 3D 仿真软件中废弃物分类收集模块。（得分：　　　　）

八、评价反馈

项目名称	评价内容	满分	评价			综合得分
			自评	互评	师评	
职业素养（40%）	积极参加教学活动，按时完成学生工作活页	20				
	团队合作、与人交流能力	20				
专业能力（60%）	仿真软件操作情况	40	/	/	/	
	其他任务完成情况	20				

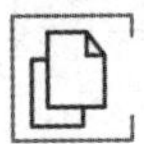

知识点提示

一、目前化学实验室废液管理存在的问题

① 存在废液私自乱倒下水道的现象。

② 有废液混存在一个容器的情况。

③ 沾染危险化学品的容器、包装物未作为危险废物处理。

④ 未设置危险废物识别标志。

二、实验室废液收集处理的原则

实验室废液因量少品种多的特点，往往都被倒入废液桶混放，正确的做法是：应根据其化学特性分类收集贮存，不可混合存放，尤其是性质不相容的危险废物。

实验室废液分类收集的方法是根据其性质以及处置方式等因素综合考虑，化学实验废液可以分为有机废液和无机废液，有机废液包括含卤素有机溶剂、不含卤素有机溶剂等；无机废液包括酸性废液、碱性废液、含氰废液、含氟废液、含汞废液、含重金属废液等。建议采用图 6-1 流程进行分类收集。

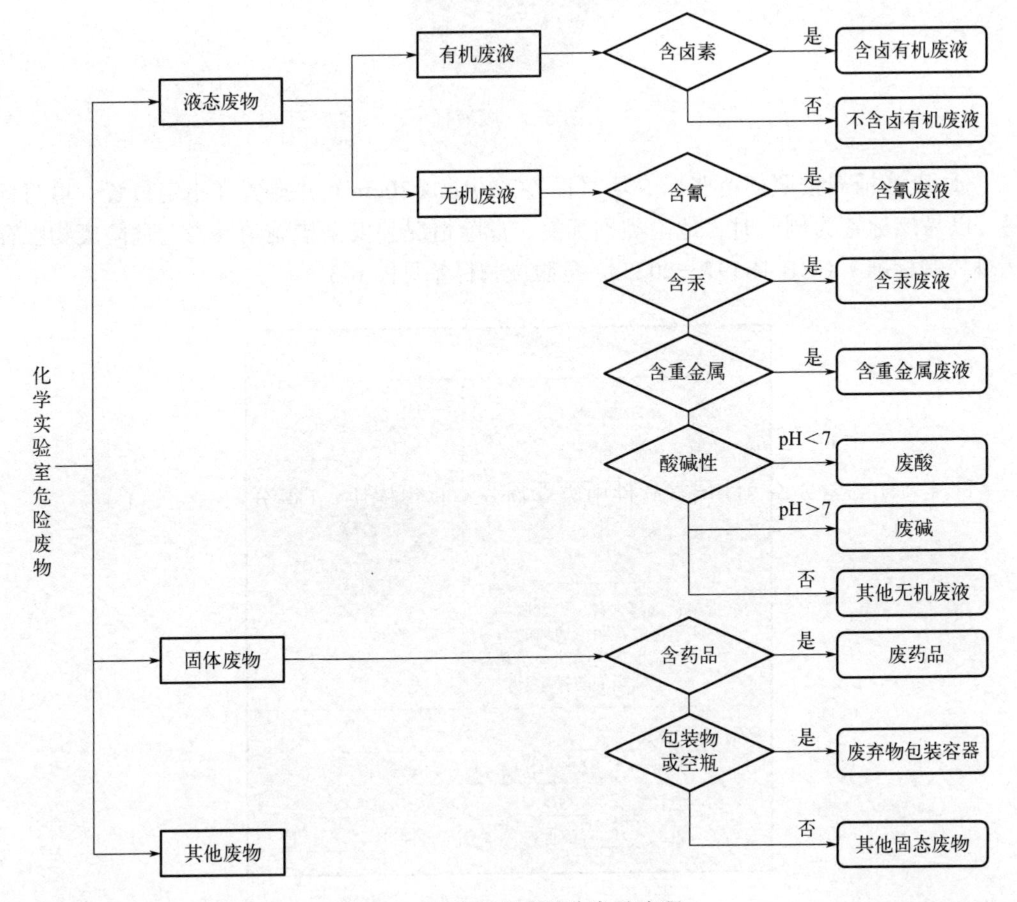

图 6-1　实验室废液的分类及流程

如同时含有上述分类中两种或两种以上有害物质的废液，按照分类流程从上至下判断，归入优先出现的分类中。

三、废液回收注意事项

① 严禁擅自丢弃、倾倒、遗洒实验废液。实验过程中产生的危险废物应及时进行集中收集，实验器皿清洗用水必须倒入废液桶中，严禁向水池中、下水管道、洗手间等处倾倒，如不慎遗洒应及时收集处理。

② 规范记录。每一收集容器应随附一份投放登记表，如实记载危险废物的名称、种类、产生时间、数量及流向等内容并妥善保管，保存时间不少于 5 年。

③ 根据危险特性分类收集。废液收集桶由学校统一配备，实验室废液包括有机废液、无机废液（酸、碱、重金属溶液），采用容量为 25L 的危险品包装用塑料桶作为废液桶。如图 6-2 所示。

图 6-2　废液桶

④ 废液桶需按照规范张贴、填写标签（20cm × 20cm）并放置在指定位置。填写标签（以易燃标签为例）时，危险类别标签、危险情况和安全措施请参考《危险废物贮存污染控制标准》（GB 18597—2023）。危险废物标签见图 6-3。

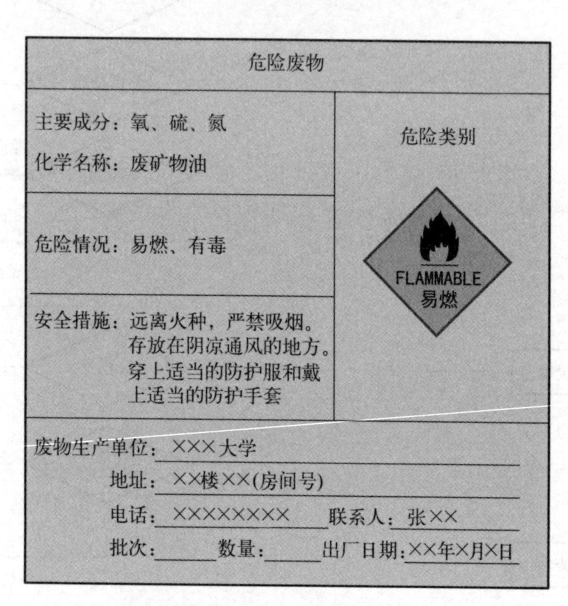

危险废物

主要成分：氧、硫、氮
化学名称：废矿物油

危险情况：易燃、有毒

安全措施：远离火种，严禁吸烟。存放在阴凉通风的地方。穿上适当的防护服和戴上适当的防护手套

危险类别

FLAMMABLE
易燃

废物生产单位：×××大学
地址：××楼××(房间号)
电话：××××××××　联系人：张××
批次：______　数量：______　出厂日期：××年×月×日

图 6-3　危险废物标签

⑤ 注意加入的废液量在容器内不能太多，须留足够空间，容器顶部和液体表面之间保留 100mm 以上空间。

⑥ 切勿将不相容的废液放置在一起。

⑦ 向桶中加入废液量多时需采用漏斗。

⑧ 每次加入废液后，需静置再旋紧桶盖。

⑨ 满桶后应及时送贮，避免废液长时间存储。

四、固体废物回收注意事项

（1）分类收集　虽然 2021 版《国家危险废物名录》规定实验室危险废物不包括按实验室管理要求进行清洗后的试剂包装物、容器，不包括按实验室管理要求进行清洗后的废弃的烧杯、量器、漏斗等实验室用品，但目前仍建议分类收集。

① 空瓶：注意玻璃类空瓶和塑料类空瓶，须分开进行存放。

② 其他固体废物：建议碎玻璃及针头为一类；使用过的枪头、手套、离心管等塑料类废物为一类。

（2）规范记录。

（3）实验室危险废弃物包装容器　实验室固体废物（试剂空瓶，使用过的枪头、手套、离心管等塑料类废物，碎玻璃，针头及生化高温灭活废弃物）采用防漏黑色塑料垃圾袋或相同规格纸箱盛装。

五、过期药品试剂

过期药品试剂不仅留有较大安全隐患，增加保管的成本和负担，而且也是环保部门重点监督检查的项目之一。为此，作为重点处置对象的过期药品试剂，各实验室需加强日常管理、分类与整理。注意：剧毒品需单独分装存放。

① 必须与实验室普通危险废弃物（固体废物、液体废物）分开存放。

② 由于过期药品试剂一般以粉末状固体或装有液体的试剂瓶为主，所以也归于固体类，都采用防漏黑色塑料垃圾袋或相同规格纸箱盛装。

③ 每种过期药品试剂（粉末状固体或装有液体的试剂瓶）表面，都需要贴上与其内容物一致的成分标签。

④ 盛装过期药品试剂的塑料垃圾袋或纸箱，满袋或满箱后应及时封口并张贴对应的过期药品试剂名称和数量的明细（用 A4 纸打印即可，无格式要求）。

任务三
实验室危险废物无害化处置

一、任务背景

2020 年 7 月，有群众举报天津市武清区某镇有人非法收集、处置废铅蓄电池造成环境污染。市区两级生态环境部门会同公安机关对该处置点进行现场检查。

经查，该处置点主要从事废弃铅蓄电池（属 HW31 类危险废物）收集、处置业务，未办理危险废物经营许可证。在对收购的汽车、电动车废铅蓄电池进行打孔拆解时，将产生的废电解液（酸液、未经处理）直接倾倒至厂房内西北侧由 3 根硬质 PVC 管相连接的下水道内，该下水道未与其他管网连接，末端用塑料编织袋简单封堵，废电解液通过下水道口裂隙、PVC 管连接处及封堵口处渗流至周边无防渗措施的土壤内。经监测人员对该厂房内下水道 PVC 管连接处积存废液取样监测，pH 值为 0.61，总铅为 10.4mg/L。天津市武清区生态环境保护综合行政执法支队执法人员经与公安机关共同核验称重，该处置点现场处置的废铅蓄电池共计 82t。

二、任务描述

某实验后，产生了无机酸废液、含铬废液、含汞废液和含铅废液，请根据废弃物的性质无害化处置这些实验室废弃物。

三、任务分组

班级		组号		指导老师	
组长		学号			
组员	姓名	学号	姓名	学号	
任务分工					

四、获取信息

引导问题 1：查阅《污水综合排放标准》（GB 8978—1996），总结污水综合排放的注意事项。

引导问题 2：含铅废液对人体和环境的危害有哪些？国家允许排放的标准是什么？

引导问题3：含汞废液对人体和环境的危害有哪些？国家允许排放的标准是什么？

______

______

______

引导问题4：含铬废液对人体和环境的危害有哪些？国家允许排放的标准是什么？

______

______

______

五、工作计划

引导问题5：查阅资料，个人分析本任务中危险废物如何无害化处置。

______

______

______

六、进行决策

引导问题6：小组讨论，制订本任务中危险废物无害化处置的方案。

______

______

______

七、工作实施

引导问题7：分组展示，确定最终方案。

______

______

______

八、评价反馈

项目名称	评价内容	满分	评价			综合得分
			自评	互评	师评	
职业素养（40%）	积极参加教学活动，按时完成学生工作活页	20				
	团队合作、与人交流能力	20				
专业能力（60%）	任务完成情况	60				

知识点提示

实验室废液无害化处理

1. 无机酸类

将废酸慢慢倒入过量的含碳酸钠或氢氧化钙的水溶液中，或者使用废碱相互中和，中和后用大量水冲洗。

2. 碱类（如氢氧化钠、氨水）

用盐酸水溶液中和，用大量水冲洗。

3. 普通简单的废液

如石油醚、乙酸乙酯、二氯甲烷等可直接倒入废液桶中贮存，桶尽量不要密封。

4. 含氰废液

加入氢氧化钠调 pH 值在 10 以上，加入过量的高锰酸钾（3%）溶液，使氰根 CN^- 氧化分解；如果含量高，可加入过量的次氯酸钙和氢氧化钠溶液，注意：氰类与酸混合会产生剧毒的氰酸 HCNO（高毒）。

一次破氰指的是加次氯酸钠将含氰废水 pH 值调到 11 左右，将氰根氧化成异氰酸根，加硫酸调 pH 值到 7 ～ 8，加次氯酸钠，二次破氰，生成二氧化碳和氨。

5. 含铅废液

加入过量强碱溶液，使废液 pH 值调至 9，生成氢氧化铅沉淀与加入的硫酸铝（或硫酸亚铁）共沉淀，静置后过滤，如果滤液中铅含量低于 1mg/L，可以实施排放。

6. 含汞废液

先将废液调节 pH 值到 7 ～ 8，加入过量硫化钠，使其生成硫化汞沉淀，再加入硫酸亚铁作为共沉淀剂，生成硫化铁溶液可将硫化汞颗粒吸附沉淀，上清液排放，残渣回收制成汞盐。

注：硫酸亚铁作絮凝剂，能除去废水中过量的硫离子。

7. 含镉废液

加入石灰粉使其生成氢氧化镉 $Cd(OH)_2$ 沉淀后过滤。

8. 含铬废液

一般六价铬离子的毒性较大，可采用还原法对其进行处理。溶液中加亚硫酸钠（还原剂），在酸性条件下将六价铬还原成三价铬，再加入石灰粉（或氢氧化钠）使其生成 $Cr(OH)_3$ 沉淀，然后过滤排放。

或者：酸性条件下（pH=4）加焦亚硫酸钠 $Na_2S_2O_5$，再通过加 31% 氢氧化钠调至碱性（pH=9），再加 PAC、PAM 沉淀后处理。

9. 含砷废水

在含砷废水中加 $FeCl_3$，使 Fe/As 达到 30 ～ 50，然后用消石灰、$Ca(OH)_2$ 调 pH 值至 8 ～ 10，生成砷酸钙和亚砷酸钙沉淀，加氯化铁存在共沉淀。

或调 pH 值大于 10，加入硫化钠，与砷反应生成难溶、低毒的硫化砷沉淀。

10. 含镍废液

在碱性条件下加氧化剂次氯酸钠 NaClO，再加 PAC（絮凝剂）、PAM（混凝剂）沉淀后处理。

11. 含铜废水

利用还原法进行回收处理，可以将铜离子转化成 $CuSO_4$ 直接还原成 Cu 介质。或者向含铜的废液中加入弱碱将其转化为 $Cu(OH)_2$ 沉淀，然后再进行排放。

12. 含银废液

基本上都采用回收再利用的方法，在废液中加入足量的盐酸溶液，待完全反应后，将洗涤的氯化银溶液用过量的氨水溶解，最后用锌粉进行置换。

13. 含酚废液

低浓度含酚废液可加入次氯酸钠或漂白粉，使酚氧化成水和二氧化碳；高浓度的可使用乙酸乙酯萃取，再用少量 NaOH 溶液反复萃取，调节 pH 值后进行重蒸馏，提纯后使用。

14. 卤代烃类废液

（1）四氯化碳废液的处理　对于含有四氯化碳的废液，先用水洗涤两次（如含有双硫腙则事先用硫酸洗涤一次），然后用无水 $CaCl_2$ 作干燥剂进行蒸馏，最后收集 75 ～ 80℃的馏分。

（2）氯仿（三氯甲烷）废液的处理　对于含有三氯甲烷的废液，应依次用水、浓硫酸、蒸馏水、盐酸羟胺洗涤，然后用无水 $CaCl_2$ 作干燥剂，过滤并蒸馏，收集 60℃的馏分。

任务四 实验室危险废物贮存

一、任务背景

2021 年 11 月 1 日，贵阳市生态环境局乌当分局执法人员现场对贵州某检测有限责任公司进行检查。经查，该公司设置有两个危险废物贮存间，其中一间贮存有 5 个废液桶（装有废液），另一间贮存有一桶废玻璃渣（沾染有废液），但危险废物贮存间及废液桶均未按规定设置危险废物标识。2021 年 9 月 2 日，执法人员已就该公司未按规定设置危废标识进行约谈并提出整改要求，但 2021 年 11 月 1 日现场检查时公司依然未进行整改。

该公司违反了《中华人民共和国固体废物污染环境防治法》第七十七条“对危险废物的容器和包装物以及收集、贮存、运输、利用、处置危险废物的设施、场所，应当按照规定设置危险废物识别标志”的规定。

某公司生产加工金属制品过程中产生的污水，经污水处理设备处理后产生的含镍、铬污泥具有毒性，含镍、铬污泥属于固体危险废物，但该公司固体危险废物贮存仓库存在“建筑物不封闭、地面防腐防渗层多处毁损、渗液随处流淌、两种危险废物未分区存放、用电安全隐患”等问题，不符合国家《危险废物贮存污染控制标准》相关规定。不按相关规定存放的含镍污泥和含铬污泥，会对企业生产经营场所周边的土壤造成严重破坏，损害了社会公共利益。

二、任务描述

科学制定化学实验室中危险废物贮存注意事项。

三、任务分组

班级		组号		指导老师	
组长		学号			
组员	姓名	学号	姓名	学号	
任务分工					

四、获取信息

引导问题 1：总结《中华人民共和国固体废物污染环境防治法》对危险废物产生单位的具体规定。

引导问题 2：总结《危险废物贮存污染控制标准》（GB 18597—2023）对危险废物贮存容器、选址、运行与管理等的规定。

五、工作计划

引导问题 3：查阅资料，个人分析实验室危险废物暂存区管理应考虑哪些方面。

六、进行决策

引导问题 4：小组讨论，确定实验室危险废物暂存区管理注意事项。

七、工作实施

引导问题 5：分组展示，确定最终方案。

八、评价反馈

项目名称	评价内容	满分	评价			综合得分
			自评	互评	师评	
职业素养（40%）	积极参加教学活动，按时完成学生工作活页	20				
	团队合作、与人交流能力	20				
专业能力（60%）	任务完成情况	60				

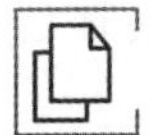

知识点提示

一、实验室内设置的临时存放区

① 划定危险废物暂存区域。实验室危险废物应划定区域（如图 6-4 所示）进行收集，严禁在危险废物暂存区域以外的地方投放危险废物。

② 设置危险废物三角标识（图 6-5）、实验室废液相容表、实验室危险废物临时存放区标识、黑黄警戒标线等，并使用托盘。

图 6-4　实验室危险废物临时存放区

图 6-5　危险废物三角标识

③ 实验垃圾与生活垃圾不混放。实验室中，存放实验垃圾与生活垃圾的容器应分开存放。

二、建危废暂存库

① 库房地面要做好防渗、防腐处理。

② 危废分类分区存放。

③ 完善入、出库台账管理。

④ 废液存放区域应按标准规范设置围堰、导流槽和事故应急池。

⑤ 存放废液能产生挥发性有毒有害气体时，应设置活性炭吸附等废气收集处理设施。

任务五 实验室危险废物转移

一、任务背景

2022 年 5 月 31 日，青岛市生态环境局执法人员对位于青岛市黄岛区董家口泊里镇 ×× 环保科技有限公司进行现场检查，经调查，该公司分 3 次将 59.04t 的 ×× 有限公司的焦油转移到 ×× 环保科技有限公司，未按国家有关规定填写、运行危险废物转移联单，擅自转移危险废物。青岛 ×× 环保科技有限公司涉嫌违反国家规定，擅自转移危险废物，被青岛市生态环境局查处，罚款 156250 元。

二、任务描述

学校危险废弃物暂存库中危险废物交给企业集中处置，请总结在转移过程中应做的工作。

三、任务分组

班级		组号		指导老师	
组长		学号			
组员	姓名	学号	姓名	学号	
任务分工					

四、获取信息

引导问题 1：认真学习《危险废物转移管理办法》，总结危险废物转移有哪些注意事项。

引导问题 2：危险废物转移联单在危险废物转移过程中起到什么作用？

____

____

五、工作计划

引导问题 3：移交人在危险废物转移过程中应该做什么工作？

____

____

六、进行决策

引导问题 4：小组讨论，确定移交人在危险废物转移过程中应该做的工作。

____

____

____

七、工作实施

引导问题 5：分组展示，确定最终方案。

____

____

____

八、评价反馈

项目名称	评价内容	满分	评价			综合得分
			自评	互评	师评	
职业素养（40%）	积极参加教学活动，按时完成学生工作活页	20				
	团队合作、与人交流能力	20				
专业能力（60%）	任务完成情况	60				

知识点提示

① 和有资质的危险废物经营单位签订危险废物处置合同。

② 制订危险废物管理计划，明确拟转移危险废物的种类、重量（数量）和流向等信息。

③ 建立危险废物管理台账，对转移的危险废物进行计量称重，如实记录、妥善保管转移危险废物的种类、重量（数量）等相关信息。

④ 移交人填报所在地市危险废物管理系统，出具危险废物转移联单。

⑤ 危险废物交有资质的危险废物经营单位转移处置。

⑥ 禁止将危险废物以副产品等名义提供或者委托给无危险废物经营许可证的单位或者其他生产经营者从事收集、贮存、利用、处置活动。

危险废物转移联单见表 6-1。

表 6-1　危险废物转移联单

（样式）

联单编号：　　（二维码）

<table>
<tr><td colspan="9">第一部分　危险废物移出信息（由移出人填写）</td></tr>
<tr><td colspan="5">单位名称：</td><td colspan="4">应急联系电话：</td></tr>
<tr><td colspan="9">单位地址：</td></tr>
<tr><td colspan="2">经办人：</td><td colspan="3">联系电话：</td><td colspan="4">交付时间：________年____月____日____时____分</td></tr>
<tr><td>序号</td><td>废物名称</td><td>废物代码</td><td>危险特性</td><td>形态</td><td>有害成分名称</td><td>包装方式</td><td>包装数量</td><td>移出量 /t</td></tr>
<tr><td></td><td></td><td></td><td></td><td></td><td></td><td></td><td></td><td></td></tr>
<tr><td></td><td></td><td></td><td></td><td></td><td></td><td></td><td></td><td></td></tr>
<tr><td></td><td></td><td></td><td></td><td></td><td></td><td></td><td></td><td></td></tr>
<tr><td colspan="9">第二部分　危险废物运输信息（由承运人填写）</td></tr>
<tr><td colspan="5">单位名称：</td><td colspan="4">营运证件号：</td></tr>
<tr><td colspan="5">单位地址：</td><td colspan="4">联系电话：</td></tr>
<tr><td colspan="5">驾驶员：</td><td colspan="4">联系电话：</td></tr>
<tr><td colspan="5">运输工具：</td><td colspan="4">牌号：</td></tr>
<tr><td colspan="5">运输起点：</td><td colspan="4">实际起运时间：________年____月____日____时____分</td></tr>
<tr><td colspan="9">经由地：</td></tr>
<tr><td colspan="5">运输终点：</td><td colspan="4">实际到达时间：________年____月____日____时____分</td></tr>
<tr><td colspan="9">第三部分　危险废物接受信息（由接受人填写）</td></tr>
<tr><td colspan="5">单位名称：</td><td colspan="4">危险废物经营许可证编号：</td></tr>
<tr><td colspan="9">单位地址：</td></tr>
<tr><td colspan="2">经办人：</td><td colspan="3">联系电话：</td><td colspan="4">接受时间：________年____月____日____时____分</td></tr>
<tr><td>序号</td><td>废物名称</td><td>废物代码</td><td colspan="2">是否存在重大差异</td><td>接受人处理意见</td><td colspan="2">拟利用处置方式</td><td>接受量 /t</td></tr>
<tr><td></td><td></td><td></td><td colspan="2"></td><td></td><td></td><td></td><td></td></tr>
<tr><td></td><td></td><td></td><td colspan="2"></td><td></td><td></td><td></td><td></td></tr>
<tr><td></td><td></td><td></td><td colspan="2"></td><td></td><td></td><td></td><td></td></tr>
</table>

填写说明：

1. 联单编号和二维码

联单编号由国家危险废物信息管理系统（以下简称信息系统）根据《危险废物转移管理办法》规定的编码规则自动生成。

2. 危险废物移出信息填写注意事项

① 单位名称、地址、经办人及联系电话根据移出人在信息系统注册信息自动生成。

② 应急联系电话是为应对危险废物转移过程突发环境事件需要紧急联系的单位电话，可以是移出人的电话，也可以是受移出人委托提供应急处置服务的机构的电话。

③ 废物名称、废物代码、危险特性、形态、有害成分名称等危险废物信息可以根据移出人在信息系统中备案的危险废物管理计划点选生成。废物名称、废物代码、危险特性根据《国家危险废物名录》确定；危险废物形态填写固态、半固态、液态、气态、其他（需说明具体形态）；有害成分名称是指危险废物中的主要有害成分名称，每种废物可包含多种有害成分；包装方式填写桶、袋、罐、其他（需说明具体包装方式）；包装数量填写不同包装方式的数量；移出量填写该类危险废物移出的重量（以吨计，精确至小数点后第四位）。

3. 危险废物运输信息填写注意事项

① 单位名称、营运证件号等信息根据承运人在信息系统中注册信息自动生成。

② 驾驶员、联系电话、运输工具及牌号根据承运人在信息系统中注册信息进行点选；运输工具填写汽车、船等交通工具；牌号为交通工具对应的牌照号码。

③ 运输起点填写危险废物运输起始的地址，应该为移出人生产或经营设施地址；经由地为危险废物运输依次经过的地级市（盟、自治州），由信息系统生成或驾驶员填写；运输终点填写危险废物运输终止的地址，应该为接受人生产或经营设施地址。

④ 采用联运方式转移危险废物的，可在运输信息部分增加后续承运人相关运输信息。

⑤ 实际起运时间、实际到达时间由驾驶员完成信息系统相关操作后生成。

4. 危险废物接受信息填写注意事项

① 危险废物接受信息中的危险废物序号、废物名称和废物代码由信息系统自动生成，与移出人填写的一致。

② 是否存在重大差异在信息系统中进行点选，主要内容为：无、数量存在重大差异、包装存在重大差异、形态存在重大差异、性质存在重大差异、其他方面存在重大差异（需说明哪方面存在重大差异）。

③ 接受人处理意见在信息系统中进行点选，内容主要为：接受、部分接受、拒收。

④ 拟利用处置方式在信息系统中进行点选，利用处置方式主要参考《排污许可证申请与核发技术规范 工业固体废物和危险废物治理》（HJ 1033）附录F“危险废物利用、处置方式代码”等；如点选其中的“其他”方式，需说明具体利用处置方式。

⑤ 接受量填写接受人实际接受该类危险废物的重量（以吨计，精确至小数点后第四位）。

5. 其他注意事项

移出人、承运人、接受人应保证本转移联单填写的信息是真实的、准确的。

危险废物跨省转移申请表见表6-2。

表 6-2　危险废物跨省转移申请表

（样式）

一、移出人信息

单位名称：（加盖公章）	统一社会信用代码：
单位地址：	
联系人：	联系电话：

二、接受人信息

单位名称：	统一社会信用代码：
单位地址：	
危险废物经营许可证编号：	许可证有效期：______年____月____日至______年____月____日
联系人：	联系电话：

三、危险废物信息（涉及多种危险废物的，可增加条目）

废物名称：	废物代码：	拟移出量 / 吨：
有害成分名称：		
形态：固态□　半固态□　液态□　气态□　其他□______		
危险特性：毒性□　腐蚀性□　易燃性□　反应性□　感染性□		
拟包装方式：桶□　袋□　罐□　其他□______		
拟利用处置方式：贮存□　利用□　处置□　其他□______		

四、转移信息

拟转移期限：______年____月____日至______年____月____日（转移期限不超过十二个月）	
拟运输起点：	拟运输终点：
途经省份（按途经顺序列出）：	

五、提交材料清单

随本申请表同时提交下列材料：

（一）危险废物接受人的危险废物经营许可证复印件；

（二）接受人提供的贮存、利用或处置危险废物方式的说明；

（三）移出人与接受人签订的委托协议、意向或者合同；

（四）危险废物移出地的地方性法规规定的其他材料。

我特此确认，本申请表所填写内容及所附文件和材料均为真实的。我对本单位所提交材料的真实性负责，并承担内容不实之后果。

法定代表人 / 单位负责人：（签字）

日期：______年____月____日

项目七

气体钢瓶使用安全管理

典型案例

案例：塔里木油田“5·5”氧气瓶爆炸事件

事件经过：

2019 年 5 月 5 日 17:40，塔里木油田矿区物业服务中心水电维修班气焊工卢某完成钢板切割任务后，在收拾作业现场、关闭氧气瓶减压阀时突然发生了氧气瓶爆炸事件。

爆炸现场没有发生人员伤亡。氧气瓶从中部炸裂为三块，飞向东北方向。其中：瓶体上部 1 块重 19.4kg，飞入附近墙体中；另外 2 块（瓶体中部 1 块重 12.8kg、瓶体尾部 1 块重 23.4kg），爆炸后散落在附近地面上。

原因分析：

当天下午，矿区成立了事件调查小组。现场发现以下问题：

（1）在氧气瓶底部有油性物质。油性物质接触高纯度氧气发生化学反应，并释放热量，直接导致了爆炸发生。

（2）该氧气瓶出厂标定为氮气瓶，但氧气生产厂违反《气瓶安全监察规程》中严禁气瓶混用规定，擅自改充氧气，并涂改为天蓝色。（氮气瓶为黑色，氧气瓶为天蓝色）

（3）该氧气瓶按照《气瓶安全监察规程》每 3 年检验 1 次规定，已经有几次漏检，而且生产厂不能提供该气瓶的历史检验报告。

（4）该氧气生产厂超出许可范围生产，其危险化学品经营许可证的许可范围是氮气、二氧化碳、氩气和乙炔四项，没有氧气的生产和销售资质。

（5）管理方面，气瓶入库验收还存在问题。

① 入库验收制度不完善，缺乏对氧气瓶检验证件进行审核的制度要求。

② 对已有制度落实流于形式，仅对数量、外观、压力和氧气合格证进行了审核，对气瓶钢印标记、检验日期、气瓶颜色检查不严格。没有发现该氧气瓶是用氮气瓶改装的违规现象。

③ 供应商超范围供货，资质审查不严格。

纠正与预防措施：

① 立即封存、停用该批次气瓶，并组织事件调查。

② 在全单位范围内开展了一次气瓶专项检查，查找存在的问题，消除安全隐患。

③ 修订、完善气瓶验收管理制度，进一步明确气瓶质量验收和使用标准，建立气瓶

使用登记制度。

④ 组织开展气瓶使用、管理人员专项培训，提高风险识别和隐患控制能力。

⑤ 加强供应商管理，严把控供应商资质准入关。对提供不合格氧气产品的供应商坚决清出市场。

学习目标

知识目标

1. 掌握气瓶的分类、结构。
2. 熟悉气瓶有关国家标准和管理制度。

能力目标

1. 会根据气瓶颜色判断钢瓶内气体种类。
2. 会判断钢瓶是否符合安全要求。
3. 能找出气瓶使用安全隐患并排除。

素质目标

1. 培养安全意识。
2. 培养规范操作意识。

任务一 实验室气瓶认知

一、任务背景

气体钢瓶（简称气瓶）是一种特殊的压力容器，使用单位应按照《中华人民共和国特种设备安全法》的要求承担使用登记、建立制度、建立档案、进行维护保养和定期检查、提出定期检验要求、发现问题及时处理等安全使用责任。

二、任务描述

实验室气瓶颜色、标志、年检和接收认知。

三、任务分组

班级		组号		指导老师	
组长		学号			
组员	姓名	学号	姓名	学号	
任务分工					

四、获取信息

请自主学习气瓶安全使用的两个国家标准。

①《气瓶颜色标志》（GB/T 7144—2016）。

②《气瓶搬运、装卸、储存和使用安全规定》（GB/T 34525—2017）。

引导问题1：气体钢瓶由哪几部分构成？

____

____

____

____

____

小提示：

气体钢瓶的结构见图7-1。

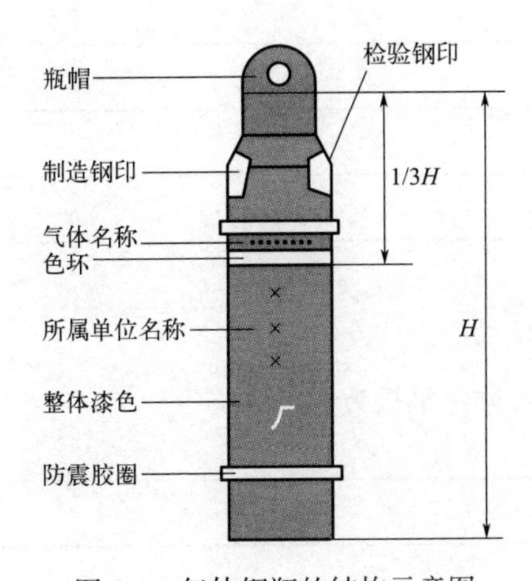

图7-1　气体钢瓶的结构示意图

引导问题2：气体钢瓶的不同颜色代表什么？

____

____

____

引导问题3：实验室气瓶制造、定期检验标志在什么地方？分别代表什么？

____

____

____

____

引导问题 4：气瓶安全附件、保护附件和安全仪表分别是什么？

五、工作计划

引导问题 5：气瓶在使用前应检查的事项有哪些？

六、进行决策

引导问题 6：小组讨论，确定小组方案。

七、工作实施

引导问题 7：分组展示，确定最终方案。

八、评价反馈

项目名称	评价内容	满分	评价			综合得分
			自评	互评	师评	
职业素养（40%）	积极参加教学活动，按时完成学生工作活页	20				
	团队合作、与人交流能力	20				
专业能力（60%）	实验室气瓶认知	40	/	/	/	
	其他任务完成情况	20				

知识点提示

一、气瓶的年检

① 盛装腐蚀性气体的气瓶（如二氧化硫、硫化氢等），每两年检验一次。

② 盛装一般气体的气瓶（如空气、氧气、氮气、氢气、乙炔等），每三年检验一次。

③ 液化石油气气瓶，使用未超过二十年的，每五年检验一次；超过二十年的，每两年检验一次。

④ 盛装惰性气体的气瓶（氩、氖、氦等），每五年检验一次。

二、气体钢瓶的钢印标记与颜色标记

1. 气瓶的钢印标记

为保证安全，气瓶在使用前，应该检查标记在气瓶肩部的钢印，气瓶的钢印标记是识别气瓶的依据。钢印标记必须准确、清晰、完整，以永久标记的形式打印在瓶肩或不可拆卸附件上。应尽量采用机械方法打印钢印标记。

无钢印及过期的气瓶不能使用。气瓶钢印标记有两种，一是制造钢印标记，由生产厂家打在气瓶肩部，如图 7-2 所示。二是检验钢印标记，由检验单位对气瓶进行定期检验后，印在气瓶肩部的另一种永久性标志，如图 7-3 所示，需要特别关注，以防超期使用。

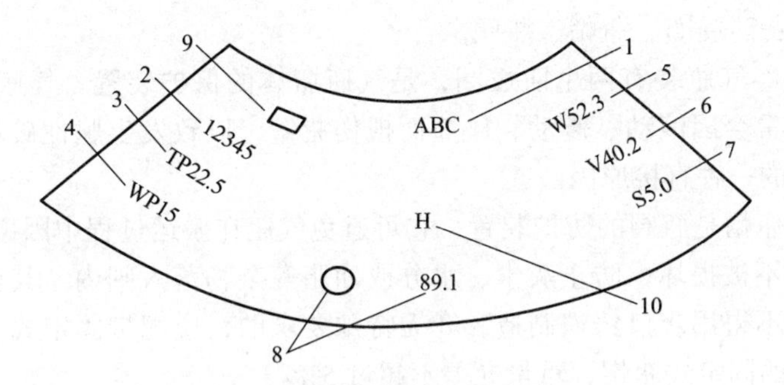

图 7-2　气瓶制造钢印标记示意图

1—气瓶制造单位代号；2—气瓶编号；3—水压试验压力，MPa；4—公称工作压力，MPa；5—实际重量，kg；6—实际容积，L；7—瓶体设计壁厚，mm；8—制造单位检验标记和制造年月；9—监督检验标记；10—寒冷地区用气瓶标记

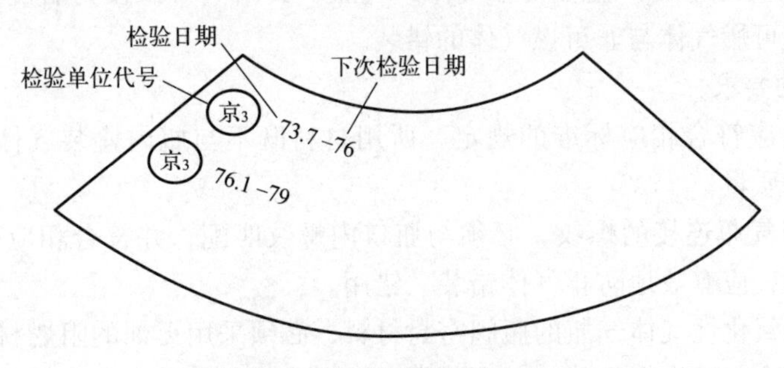

图 7-3　气瓶检验钢印标记

2. 气瓶的颜色标记

气瓶的颜色标记是指气瓶外表面的颜色、字样、字色和色环。气瓶的颜色标记是由国家统一规定，详情请见 GB/T 7144—2016。可以通过颜色来快速识别瓶内气体的种类，涂层还可防止生锈。气瓶的漆色与介质见表 7-1。

表 7-1　气瓶的漆色与介质

<table>
<tr><th>序号</th><th>介质名称</th><th>化学式</th><th>瓶色</th><th>字样</th><th>字色</th><th>色环</th></tr>
<tr><td>1</td><td>氧</td><td>O_2</td><td>淡（酞）蓝</td><td>氧</td><td>黑</td><td rowspan="2">p=20MPa，白色单环
$p\geqslant$30MPa，白色双环</td></tr>
<tr><td>2</td><td>氮</td><td>N_2</td><td>黑</td><td>氮</td><td>白</td></tr>
<tr><td>3</td><td>乙炔</td><td>C_2H_2</td><td>白</td><td>乙炔
不可近火</td><td></td><td></td></tr>
<tr><td>4</td><td>二氧化碳</td><td>CO_2</td><td>铝白</td><td>液化二氧化碳</td><td>黑</td><td>p=20MPa，黑色单环</td></tr>
</table>

三、气瓶的安全附件

1. 安全泄压装置

气瓶的安全泄压装置，是为了防止气瓶在遇到火灾等高温时，瓶内气体受热膨胀而发生破裂爆炸。气瓶常见的泄压附件有爆破片和易熔塞。爆破片一般用于高压气瓶，装在瓶阀上。易熔塞一般装在低压气瓶的瓶肩上。

2. 其他附件

其他附件有：防震圈、瓶帽、瓶阀。

（1）防震圈　气瓶装有两个防震圈，是气瓶瓶体的保护装置。气瓶在充装、使用、搬运过程中，常常会因滚动、震动、碰撞而损伤瓶壁，以致发生脆性破坏。这是气瓶发生爆炸事故常见的一种直接原因。

（2）瓶帽　瓶帽是瓶阀的防护装置，它可避免气瓶在搬运过程中因碰撞而损坏瓶阀，保护出气口螺纹不被损坏，防止灰尘、水分或油脂等杂物落入阀内。其要求：①有良好的抗撞击性。②不得用灰口铸铁制造。③无特殊要求的，应配带固定式瓶帽，同一工厂制造的同一规格的固定式瓶帽，重量允差不超过 5%。

（3）瓶阀

① 瓶阀是控制气体出入的装置，一般是用黄铜或钢制造。充装可燃气体的钢瓶的瓶阀，其出气口螺纹为左旋；盛装助燃气体的气瓶，其出气口螺纹为右旋。瓶阀的这种结构可有效地防止可燃气体与非可燃气体的错装。

② 对瓶阀的要求

a. 瓶阀材料应符合相应标准的规定，所用材料既不与瓶内盛装气体发生化学反应，也不影响气体的质量。

b. 瓶阀上与气瓶连接的螺纹，必须与瓶口内螺纹匹配，并符合相应标准的规定。瓶阀出气口的结构，应有效地防止气体错装、错用。

c. 氧气和强氧化性气体气瓶的瓶阀密封材料，必须采用无油的阻燃材料。

d. 瓶阀阀体上如装有爆破片，其公称爆破压力应为气瓶的水压试验压力。

e. 瓶阀出厂时，应逐只出具合格证。

四、接收气瓶前检查

采购或租借气瓶时，接收前一定要对气瓶进行检查，一般采用“五查一登记”。

① 查气瓶有无定期检验，有无钢印；气瓶是否超过定期检验周期。

② 查气瓶出厂合格证。

③ 查外表：是否有清晰可见的外表涂色和警示标签；是否存在腐蚀、变形、磨损、裂纹等严重缺陷。

④ 查气瓶气嘴有无变形、开关有无缺失、附件（防震圈、防护瓶帽、瓶阀、气瓶手轮）是否齐全，符合安全要求。

⑤ 查气瓶的使用状态标识（满瓶、使用中、空瓶）。

⑥ 气瓶检查合格后验收登记。

任务二 实验室气瓶安全隐患排查

一、任务背景

气体钢瓶在实验室经常使用，但因为气瓶具有较高的压力，同时瓶内气体也具有一定的复杂性和危险性，所以要加大气瓶安全隐患的排查力度，确保安全。

二、任务描述

巡查实验室，查找气瓶使用安全隐患。

三、任务分组

<table>
<tr><td>班级</td><td></td><td>组号</td><td></td><td>指导老师</td><td></td></tr>
<tr><td>组长</td><td></td><td>学号</td><td colspan="3"></td></tr>
<tr><td rowspan="4">组员</td><td>姓名</td><td>学号</td><td>姓名</td><td colspan="2">学号</td></tr>
<tr><td></td><td></td><td></td><td colspan="2"></td></tr>
<tr><td></td><td></td><td></td><td colspan="2"></td></tr>
<tr><td></td><td></td><td></td><td colspan="2"></td></tr>
<tr><td>任务分工</td><td colspan="5"></td></tr>
</table>

四、获取信息

引导问题 1：实验室气瓶有哪几种固定方法？

引导问题 2：实验室气瓶正确的搬运方法是什么？

小提示：

近距离搬运气瓶，凹形底气瓶及带圆形底座气瓶可采用徒手倾斜滚动的方式搬运，方形底座气瓶应使用稳妥、省力的专用小车搬运。距离较远或路面不平时，应使用特制机械、工具搬运，并用铁链等妥善加以固定。不应用肩扛、背驮、怀抱、臂挟、托举或二人抬运的方式搬运。

五、工作计划

引导问题 3：气瓶安全隐患检查注意事项有哪些？

六、进行决策

引导问题 4：小组讨论，确定小组方案。

七、工作实施

请练习实验室安全 3D 仿真软件中气瓶使用安全模块。（得分：　　　）

八、评价反馈

项目名称	评价内容	满分	评价			综合得分
			自评	互评	师评	
职业素养（40%）	积极参加教学活动，按时完成学生工作活页	20				
	团队合作、与人交流能力	20				
专业能力（60%）	正确找出软件中气瓶使用安全隐患并排除	40	/	/	/	
	其他任务完成情况	20				

知识点提示

① 使用气瓶前，使用者应对气瓶进行安全状况检查，不符合安全技术要求的气瓶严禁使用。检查重点：对盛装气体进行确认，盛装气体是否符合作业要求；瓶体是否完好；减压器、流量表、软管、防回火装置是否有泄漏、磨损及接头松懈等现象。

② 必须严格按照使用说明书的要求使用气瓶。

③ 气瓶应在通风良好的场所使用。如果在通风条件差或狭窄的场所使用气瓶，应采取相应的安全措施，以防止出现氧气不足，或危险气体浓度加大的现象。安全措施主要包括强制通风、氧气监测和气体检测等。

④ 气瓶应立放使用，严禁卧放。气瓶必须固定上部、单独固定到墙上、放置在框内或防倾倒装置上，固定气瓶经常用到的是铁链或结实的带子。

⑤ 严禁敲击、碰撞气瓶。严禁在气瓶上进行电焊引弧。

⑥ 禁止将气瓶与电气设备及电路接触，与气瓶接触的管道和设备要有接地装置。

⑦ 夏季应防止暴晒，严禁用温度超过40℃的热源对气瓶加热。

⑧ 开启或关闭瓶阀时，应用手或专用扳手，不准使用其他工具，以防损坏阀件。装有手轮的阀门不能使用扳手。如果阀门损坏，应将气瓶隔离并及时维修。

⑨ 开启或关闭瓶阀应缓慢，特别是盛装可燃气体的气瓶，以防止产生摩擦热或静电火花。

⑩ 打开气瓶阀门时，人要站在气瓶出气口侧面。

⑪ 气瓶使用完毕后应关闭阀门，释放减压器压力，并配好瓶帽。

⑫ 氧气瓶和乙炔气瓶使用时应分开放置，至少保持5m间距，且距明火10m以外。

⑬ 气瓶及附件应保持清洁、干燥，防止沾染腐蚀性介质、灰尘等。

⑭ 氧气瓶阀不得沾有油脂，不得用沾有油脂的工具、手套或油污工作服去接触氧气瓶阀、减压器等。

⑮ 乙炔气瓶使用前，必须先直立20min，然后连接减压阀使用。

⑯ 乙炔气瓶不得放在橡胶等绝缘体上。

⑰ 乙炔气瓶使用过程中，开闭乙炔气瓶瓶阀的专用扳手应始终装在阀上。

⑱ 乙炔气瓶瓶阀出口处必须配置专用的减压器和回火防止器。使用减压器时必须带有夹紧装置与瓶阀结合。

⑲ 正常使用时，乙炔气瓶的放气压降不得超过 0.1MPa/h。

⑳ 气瓶使用完毕，要妥善保管。气瓶上应有状态标签（“空瓶”“使用中”“满瓶”标签）。

㉑ 严禁在泄漏的情况下使用气瓶。使用过程中发现气瓶泄漏，要查找原因，及时采取整改措施。

㉒ 严禁擅自更改气瓶的钢印和颜色标记。

㉓ 近距离移动气瓶，可采用徒手倾斜滚动的方式移动，远距离移动时，可用轻便小车运送。不应抛、滚、滑、翻。气瓶在工地使用时，应将其放在专用车辆上或将其固定使用。

㉔ 瓶内气体不应用尽，应留有余压。

项目八
实验室仪器设备安全管理

典型案例

案例 1：某大学“1 · 10”火灾

事故经过：

2016 年 1 月 10 日 11 点 35 分左右，某大学科技大厦 1011 实验室冰箱发生自燃，消防队员赶到现场后及时扑灭了火灾，冰箱已经焦黑变形，只剩一个框架，冰箱内存放的化学试剂全部被烧光，现场刺鼻气味强烈。

事故原因：

冰箱电路老化引发自燃。

安全警示：

1. 存储化学试剂的冰箱不得超过使用期限（一般规定 10 年）。

2. 冰箱应放置在通风良好处，周围不得堆放杂物，保证一定的散热空间。

案例 2：某学院实验室爆炸

2014 年 12 月 4 日，某学院精细化工研究所实验室发生爆炸，事故导致一名教师被玻璃擦伤。

事故经过：

2014 年 12 月 4 日上午 11 点左右，一名教师独自在实验室做蒸馏实验，该教师离开实验室去吃饭后，蒸馏瓶（容积 10L）突然发生爆炸，声音巨大，玻璃震碎一地，另一名正好从实验室路过的老师被玻璃擦伤，实验室天花板被炸落，门窗、桌椅均有损坏，一片狼藉。消防人员到达后，对事故现场进行了彻底检查，确保现场无火星和危险化学物质，防止二次事故发生。

事故原因：

1. 蒸馏瓶突然升温导致冲料，加上蒸馏瓶容积较大、物料比较多，使得爆炸比较强烈。

2. 实验人员离岗，实验无人值守。

安全警示：

1. 为防止冲料，应减少物料添加量，且需缓慢升温。

2. 实验过程中必须有人值守，严禁离岗。

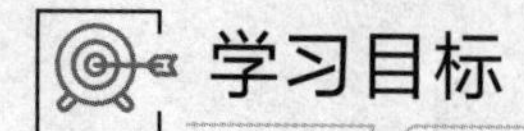

学习目标

知识目标

1. 了解实验室仪器设备性能。
2. 掌握实验室仪器设备使用注意事项。

能力目标

1. 认识实验室常见设备。
2. 会排查实验室仪器设备安全隐患。

素质目标

1. 培养安全意识。
2. 培养环境保护意识。

任务一 实验室仪器设备安全使用

一、任务背景

实验室教学仪器设备在化学实验室中是不可或缺的基础设施，对实验教学、实验技术和实验成果的发展发挥着至关重要的作用，在使用前，必须对使用者进行安全培训。

二、任务描述

总结实验室玻璃器皿、酒精灯的安全使用注意事项。

三、任务分组

<table>
<tr><td>班级</td><td></td><td>组号</td><td></td><td>指导老师</td><td></td></tr>
<tr><td>组长</td><td></td><td>学号</td><td colspan="3"></td></tr>
<tr><td rowspan="4">组员</td><td>姓名</td><td>学号</td><td>姓名</td><td colspan="2">学号</td></tr>
<tr><td></td><td></td><td></td><td colspan="2"></td></tr>
<tr><td></td><td></td><td></td><td colspan="2"></td></tr>
<tr><td></td><td></td><td></td><td colspan="2"></td></tr>
<tr><td>任务分工</td><td colspan="5"></td></tr>
</table>

四、获取信息

引导问题 1：实验室常见玻璃器皿的种类有哪些？

____

____

五、工作计划

引导问题 2：查阅资料，个人提出实验室玻璃器皿安全使用注意事项。

____

____

引导问题 3：查阅资料，个人提出实验室酒精灯安全使用注意事项。

____

____

六、进行决策

引导问题 4：小组讨论，确定小组的玻璃器皿安全使用注意事项。

____

____

____

引导问题 5：小组讨论，确定小组的酒精灯使用注意事项。

____

____

____

七、工作实施

引导问题 6：分组汇报，确定实验室玻璃器皿安全使用注意事项。

____

____

____

引导问题 7：分组汇报，确定实验室酒精灯安全使用注意事项。

____

____

____

八、评价反馈

项目名称	评价内容	满分	评价			综合得分
			自评	互评	师评	
职业素养（40%）	积极参加教学活动，按时完成学生工作活页	20				
	团队合作、与人交流能力	20				
专业能力（60%）	任务完成情况	60				

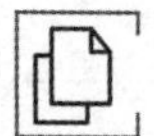

知识点提示

一、玻璃器皿的安全使用

玻璃器皿是化学实验室的常用仪器。如果使用不当，也会造成意外伤害，以下具体操作要予以重视：

① 使用玻璃器皿前应仔细检查是否有裂纹或破损。如有，则应及时更换。

② 将玻璃管或温度计插入橡胶塞时应注意防护，插管时应戴防切割手套进行操作。橡胶塞打孔过小不能强行插入玻璃管或温度计，应涂抹润滑剂或重新打孔。

③ 用试管进行加热时，勿使管口朝向自己或他人，防止溶液溅出伤人。

④ 量筒、试剂瓶、培养皿、带塞碘量瓶等玻璃制品不可在电炉上加热，不能在试剂瓶或量筒中稀释浓硫酸或溶解固体试剂。

⑤ 操作真空或密封的玻璃容器时应格外小心。

⑥ 普通的玻璃器皿不适合做压力反应，即使是在较低的压力下也有较大风险，因而禁止用普通的玻璃器皿做压力反应。

二、酒精灯的安全使用注意事项

① 添加酒精（乙醇）时，不能少于酒精灯容积的1/3，也不能超过容积的2/3。

② 酒精灯的灯芯要平整，如果已经烧焦或不平整，要用剪刀修正。

③ 酒精灯只能用灯帽盖灭，不可用嘴去吹。

④ 如果洒出的酒精在桌面燃烧，应该立即用湿布或沙子扑灭。

⑤ 绝对禁止向燃着的酒精灯里添加酒精，以免失火。

⑥ 绝对禁止用酒精灯引燃另一只酒精灯，要用火柴点燃。

⑦ 请勿让酒精灯的外焰受到侧风，一旦外焰进入灯内，将会爆炸。

⑧ 新灯加完酒精后须将新灯芯放入酒精中浸泡，而且移动灯芯套管使每端灯芯都浸透，然后调好其长度，才能点燃。因为未浸过酒精的灯芯，一经点燃就会烧焦。

⑨ 酒精灯不用时，应盖上灯帽。如长期不用，灯内的酒精应倒出，以免挥发；同时在灯帽与灯颈之间应夹小纸条，以防粘连。

任务二
实验室仪器设备安全隐患排查

一、任务背景

对于实验室仪器设备，要有固定人员负责定期检查、维护和保养，保证仪器设备安全正常使用，保证实验人身安全和财产不受损失，确保实践教学正常有序进行。

二、工作任务

排查实验室一些常见的仪器设备安全隐患。

三、任务分组

<table>
<tr><td>班级</td><td></td><td>组号</td><td></td><td>指导老师</td><td></td></tr>
<tr><td>组长</td><td></td><td>学号</td><td colspan="3"></td></tr>
<tr><td rowspan="4">组员</td><td>姓名</td><td>学号</td><td colspan="2">姓名</td><td>学号</td></tr>
<tr><td></td><td></td><td colspan="2"></td><td></td></tr>
<tr><td></td><td></td><td colspan="2"></td><td></td></tr>
<tr><td></td><td></td><td colspan="2"></td><td></td></tr>
<tr><td>任务分工</td><td colspan="5"></td></tr>
</table>

四、获取信息

引导问题 1：实验室常见加热和制冷设备的种类有哪些？

五、工作计划

引导问题 2：查阅资料，个人提出所负责实验室冰箱安全使用注意事项。

引导问题 3：查阅资料，个人提出所负责实验室烘箱安全使用注意事项。

____

____

____

六、进行决策

引导问题 4：小组讨论，确定小组的实验室冰箱安全使用注意事项。

____

____

____

引导问题 5：小组讨论，确定小组的实验室烘箱安全使用注意事项。

____

____

____

七、工作实施

请练习实验室安全 3D 仿真软件中仪器设备安全处理模块。（得分：　　　）

八、评价反馈

项目名称	评价内容	满分	评价			综合得分
			自评	互评	师评	
职业素养（40%）	积极参加教学活动，按时完成学生工作活页	20				
	团队合作、与人交流能力	20				
专业能力（60%）	仿真操作情况	40	/	/	/	
	其他任务完成情况	20				

知识点提示

一、低温设备安全使用

冰箱在实验室中的使用越来越普遍，由于违规使用导致的事故也屡见不鲜，在使用过程中以下使用原则要高度重视：

① 冰箱应放置在实验室通风良好处，远离热源、易燃易爆危险品和气体钢瓶，保持

一定散热空间。

② 冰箱应使用固定的电源插座，单独供电。

③ 存放危险化学药品的冰箱应采用防爆冰箱或经防爆冰箱改造的冰箱，并在冰箱门上注明是否防爆。

④ 存放易挥发有机试剂的容器必须加盖密封（螺口盖、磨砂玻璃、橡胶塞等），避免容器内试剂挥发至冰箱箱体内积聚。

⑤ 冰箱内不宜存放过多有机溶剂，间隔一定时间需要打开冰箱门换气，使箱体内的有机蒸气及时散发。

⑥ 存放强酸、强碱以及腐蚀性的物品时必须选择耐腐蚀的容器，并且存放于托盘内，以免器皿被腐蚀后药品外泄。

⑦ 冰箱内各药品须粘贴标签，明确名称、浓度、使用人、日期等信息，并定期对冰箱进行清理。

⑧ 存放在冰箱内的试剂瓶、样品瓶等重心较高的容器应加以固定，防止因开关冰箱造成倒伏，使玻璃器皿破裂、溶剂溢出。

⑨ 食品、饮料严禁存放在实验室冰箱内。

⑩ 冰箱不超期使用（一般使用期限控制为 10 年），如超期使用须经审批。

二、高温设备的安全使用

1. 马弗炉安全使用

马弗炉（图 8-1），又名电炉、电阻炉，是一种通用的加热设备，在实验室常被用于实验材料灰分分析、元素分析。由于高温特点，需严谨、规范使用，以防止发生火灾或者其他用电隐患。

图 8-1　马弗炉

（1）烘炉　当电阻炉第一次使用或长期停用后再次使用时，必须进行烘炉干燥（见表 8-1），以免炉膛炸裂。

表 8-1　烘炉干燥

烘炉温度	时间	炉门状态
室温～200℃	4h	打开
200～600℃	4h	关闭

（2）加热方法　梯度升温，严禁直接升至设定温度，见表 8-2。

表 8-2　梯度升温

温度	方法	时间
200 ～ 400℃	关闭炉门，待温度升至梯度温度档值（400℃、600℃、800℃），稳定半小时后，再继续下一温度区间的升温	2h
400 ～ 600℃		2h
600 ～ 800℃		2h
800 ～ 1000℃		2h

（3）马弗炉使用注意事项

① 电炉使用时，炉温设定不得超过仪器最高（额定）温度，且低于额度温度 10%，以免损坏加热元件，并禁止直接向炉膛内灌注各种液体及溶解金属（如额定温度为 1000℃，设定温度不得超 900℃）。

② 经常清除炉膛内的铁屑及氧化物，以保持炉膛内的清洁。严禁在炉膛内烘烤易燃易爆物品及挥发性物品。

③ 定期检查电炉，温度控制器导电系统各连接部分的接触是否良好。实验过程中，使用人不得离开仪器。

④ 温度超过 600℃后不要打开炉门，等炉膛内温度自然冷却后再打开炉门。

⑤ 炉内送取物件时，必须先切断电源，等炉内温度降到 200℃以下，方可微开炉门；待样品稍冷却后再用坩埚钳小心夹取样品，防止烫伤。

2. 烘箱等加热设备安全使用

烘箱等加热设备是用来加热的电热设备，温度可达 800℃以上，使用时必须注意以下使用原则，否则容易发生火灾。

① 烘箱等加热设备不超期使用（一般使用期限控制为 12 年），如超期使用需经审批。

② 加热设备应放置在通风干燥处，不直接放置在木桌、木板等易燃物品上，周围有一定的散热空间。

③ 加热设备旁不能放置易燃易爆化学品、气体钢瓶、冰箱、杂物等。

④ 加热设备周边醒目位置张贴高温警示标识，并有必要的防护措施。

⑤ 张贴安全操作规程。

⑥ 烘箱等加热设备内不准烘烤易燃易爆试剂及易燃物品。

⑦ 不使用塑料筐等易燃容器盛放实验物品在烘箱等加热设备内烘烤。

⑧ 使用完毕，清理物品、切断电源，确认烘箱冷却至安全温度后方能离开。

⑨ 使用加热设备时，温度较高的实验需有人值守或有实时监控措施。

⑩ 不能用纸质、木质等材料自制红外灯烘箱。

三、实验室常见机械设备安全使用

1. 循环水真空泵

循环水真空泵（图 8-2）越来越受到高校实验室人员的青睐，在使用循环水真空泵时，要根据其正确的操作方法来操作，操作失误，不仅影响实验，可能还会对设备造成损坏。

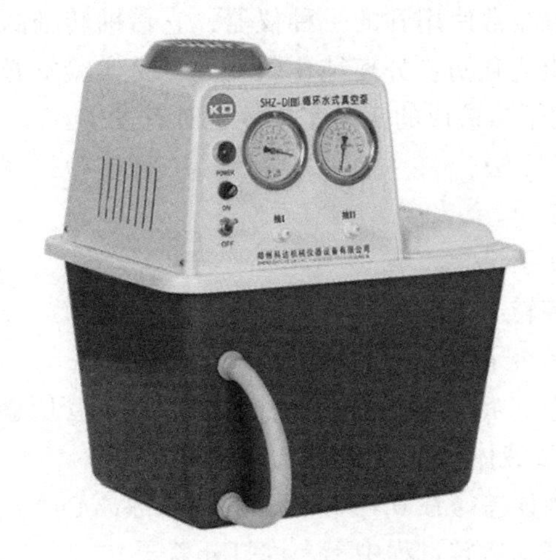

图 8-2　循环水真空泵

（1）循环水真空泵的使用方法

① 打开水箱上盖，注入适当的清洁凉水。

② 接通电源，启动开关。

③ 泵开始工作。

④ 检测真空泵能否正常工作（用手堵住抽嘴，真空表接近 -0.1MPa，则循环水真空泵可正常工作）。

⑤ 循环水真空泵连接使用装置

a. 连接使用装置如旋转蒸发仪时，需等循环水真空泵真空表有一定压力时再开旋转；当旋转蒸发结束时，先开旋转蒸发仪的排气开关，等压力降到零时再关水泵或者拆了旋转蒸发瓶后再关循环水真空泵。

b. 连接使用装置如抽滤瓶时，确保抽滤瓶中滤液高度低于抽滤口，以防倒吸，抽滤完毕先拔抽滤瓶一头橡胶管再关泵，以防倒吸。

（2）循环水真空泵使用注意事项

① 使用前，操作者应该先阅读设备 SOP（作业指导书）。

② 水箱必须加满水后再开机使用。

③ 必须经常更换水箱里的水，保持水箱清洁。

④ 每次使用，必须开循环水，确保无异味及仪器不至于发热而影响仪器使用寿命；若隔夜使用，请确保循环水一直开着。

⑤ 关循环水真空泵前，需确认两个抽滤头都未被使用，否则可能会引起倒吸。

⑥ 先切断电源后，才能打开保险丝座盖更换保险丝。

⑦ 更换水泵内部管道，需先切断电源。

（3）循环水真空泵的存放　循环水真空泵使用后的存放，长时间不用的话，要将设备放在合适的地方（不宜太潮湿或太阳直晒）存放，以免下次使用时，无法正常使用。

2. 高速离心机

离心机是化学实验中经常使用到的一种仪器，它借助转轴高速旋转产生离心力，使不同密度的物质分开；能达到初步分离纯化的目的，是实验室必不可少的仪器。实验室中因为离心机的操作使用不当造成的实验室事故也时有发生。

（1）高速离心机使用方法

① 操作前阅读操作手册。

② 选择合适容量的转子。

③ 在转子转轴上安装转子，确保转子的正确安装。

④ 检查转子和腔体是否干净。

⑤ 选择合适的离心管，特别要注意的是在离心时离心管所盛液体不能超过离心管总容量的 2/3，如超过会导致液体易于溢出。

⑥ 平衡离心管，平衡误差应在 0.1g 以内；对称摆放离心管。

⑦ 确保离心机盖盖好。运转过程中不允许打开盖子。

⑧ 正确设置离心时间、转速等参数，不要超过转子所允许的最高转速。

⑨ 按开始键，等到速度到达设置转速开始计时，如有不正常噪声或抖动马上停止运转并检查。

（2）离心机使用注意事项

① 离心机在预冷状态时，离心机盖必须关闭，离心结束后取出转头倒置于实验台上，擦干腔内余水，离心机盖处于打开状态。

② 在离心过程中，操作人员不得离开离心机室，一旦发生异常情况操作人员不能关电源 (POWER)，要按 STOP。

③ 不得使用伪劣的离心管，不得使用老化、变形、有裂纹的离心管。

④ 离心管必须对称放入套管中，防止机身振动，若只有一支样品管，另外一支要用等质量的水代替。

⑤ 启动离心机时，应盖上离心机顶盖后，方可慢慢启动。

⑥ 分离结束后，先关闭离心机，在离心机停止转动后，方可打开离心机盖，取出样品，不可用外力强制其停止运动。

3. 旋转蒸发仪

旋转蒸发仪，又叫旋转蒸发器，是实验室广泛应用的一种蒸发仪器，由马达、蒸馏瓶、加热锅、冷凝管等部分组成，主要用于用来回收、蒸发有机溶剂。它是利用一台电机带动蒸馏瓶旋转。由于蒸馏器在不断旋转，可免加沸石而不会暴沸。同时，由于不断旋转，液体附于蒸馏器的壁上，形成一层液膜，加大了蒸发的面积，使蒸发速度加快。

（1）旋转蒸发仪使用方法

① 旋转蒸发仪开机前：首先将速度控制旋钮转到最低左侧，按下电源开关指示灯，然后缓慢地将其向右转到所需的速度，一般大型蒸发瓶采用中低速，高黏度溶液采用低速。

② 使用时，先降低压力，再启动电机旋转蒸馏瓶，最后，先停止电机，再打开放气阀，防止蒸馏瓶在旋转过程中脱落。

③ 旋转蒸发仪的高低调节：手动升降，转动立柱上的手轮，依次向上翻，反向向下翻；电动升降，触摸向上键升起主机，触摸向下键降下主机。

④ 冷凝器上有两个外部接头，一个接进水口，另一个接出水口，一般接自来水，冷凝水温度越低，效果越好，上口设有真空接头，真空接头与真空泵套连接，用于真空泵抽真空。

⑤ 结束时，应该先停止旋转蒸发器 / 旋转蒸发仪旋转电机，再通空气，以防蒸馏烧瓶在转动中脱落和真空泵倒吸。

（2）旋转蒸发仪使用注意事项

① 旋转蒸发仪适用的压力一般为 10 ～ 30mmHg（1mmHg=133.3Pa）。

② 旋转蒸发仪各个连接部分都应用专用夹子固定。

③ 旋转蒸发仪烧瓶中的溶剂容量不能超过一半。

④ 旋转蒸发仪必须以适当的速度旋转。

四、实验室专用设备使用安全

1. 紫外 - 可见分光光度计安全使用

紫外 - 可见分光光度计是利用物质的分子或离子对某一波长范围的光的吸收作用，对物质进行定性分析、定量分析及结构分析。按所吸收光的波长区域不同，分为紫外分光光度法和可见分光光度法，合称为紫外 - 可见分光光度法。它的安全使用注意事项如下：

① 仪器要安放在稳固的工作台上，避免震动，并避免阳光直射，避免接触灰尘及腐蚀性气体。

② 仪器在日常维护中注意防尘，清洁仪器表面宜用温水擦拭，勿使用酒精、丙酮等有机溶剂。

③ 开关样品室盖时，应小心操作，防止损坏光门开关。

④ 不测量时，应使样品室盖处于开启状态，否则会使光电管疲劳，数字显示不稳定。

⑤ 当紫外 - 可见分光光度计的光线波长调整幅度较大时，需稍等数分钟才能工作。因光电管受光后，需有一段响应时间。

⑥ 测定波长在 360nm 以上时，可用玻璃比色皿；波长在 360nm 以下时，要用石英比色皿。比色皿外部要用吸水纸吸干，不能用手触摸光面的表面。比色皿每次使用后应及时清洗，并用镜头纸轻拭干净，存于比色皿盒中备用。

⑦ 仪器配套的比色皿不能与其他仪器的比色皿单个调换。如需增补，应经校正后方可使用。

⑧ 仪器要保持干燥、清洁，每次使用完毕应盖上防尘罩。

2. 原子吸收分光光度计安全使用

原子吸收分光光度计，根据物质基态原子蒸气对特征辐射吸收的作用来进行金属元素分析。它能够灵敏可靠地测定微量或痕量元素。它的安全使用注意事项如下：

① 点火前应打开实验室通风设备。

② 测量中应保持空气和乙炔流量稳定。

③ 点火时应先打开空气压缩机，后开乙炔气体钢瓶阀门，先通助燃气，再通燃料气；熄火时应先关闭乙炔气体钢瓶阀门，后关空气压缩机，先关燃料气，后关助燃气，以防

回火。

④ 若突然停电，应立即关闭乙炔气体钢瓶阀门。

⑤ 仪器要保持干燥、清洁，每次使用完毕应盖上防尘罩。

⑥ 操作者离开仪器时，必须熄灭火焰。

⑦ 实验完毕离开实验室前检查水、电、气是否关闭。

项目九

实验事故应急处理

典型案例

案例：某学院浓硫酸灼伤事故

2012 年 5 月 16 日，某学院生物制剂专业一学生被浓硫酸严重灼伤，全身灼伤面积达 40% 左右，呼吸道也遭受重创。

事故经过：

2012 年 5 月 16 日，某学院生物制剂专业学生在进行专业实验，离下课还有十多分钟，大多数同学就已完成实验，都迫不及待地等着老师核验，当老师说出“做完实验的同学，现在可以走了！”这句话时，40 余名同学一起涌向实验室门口，大家你推我搡，突然前面的一个女生摔倒了，女生身后的一名男同学一下子失去了重心，他怕踩到女生，便倒向旁边的实验台，结果实验台上的一瓶浓硫酸被扑倒，浓硫酸四处飞溅，该男生的身上、胳膊上、脖子上都沾染了大量浓硫酸，幸亏他本能地一扭头，脸部没有沾染浓硫酸。在没有脱去被沾染的衣物、用干燥软布吸掉皮肤上浓硫酸的前提下，该男生就立即用自来水清洗，结果被烧伤，被送到当地的医院时，医生称伤势太重，需要立即转院，该男生被紧急转至某总医院，经检查该同学全身灼伤面积达 40% 左右，由于事发时该同学的呼吸道呛入浓硫酸气体，呼吸道也遭受重创，经急诊救治后，该同学在 ICU 重症监护室接受治疗。

事故原因：

1. 学生违反实验室安全守则，退出实验室时互相推搡，指导教师也未及时提醒制止。

2. 危化品储存不符合规范，浓硫酸应存放在专门的防腐蚀药品柜中，不可直接放在实验台上。

3. 应急处理措施不当，在沾染大量浓硫酸的情况下，不可立即用清水冲洗（浓硫酸稀释会放出大量的热量），首先应立即脱去被沾染的衣物，并用干燥软布吸掉皮肤上的浓硫酸，再用清水冲洗。

安全警示：

1. 进入实验室应严格遵守实验室安全守则，禁止推搡、追逐、打闹。

2. 危化品应存放于专门的药品柜中，严禁普通人随意接触。

3. 定期开展安全培训，讲解实验室安全措施及应急处理方法。

学习目标

知识目标

1. 掌握处理实验室伤害事故的方法。
2. 熟悉常用危险化学品物理和化学性质。
3. 掌握危险化学品废弃物汞收集的相关法规要求。

能力目标

1. 会应急救护实验室伤害事故。
2. 能采用合适的办法进行无害化处理。

素质目标

1. 培养安全意识。
2. 培养防护意识。

化学实验室的事故对人体可能造成的伤害为：烧伤、化学灼伤、割伤、冻伤、电击伤、中毒等。各实验室必须按照国家安全生产监督管理总局令第 17 号《生产安全事故应急预案管理办法》(2009 年 5 月 1 日起施行) 的相关规定制定处理各类紧急事故的应急预案，平时注意对相关人员的宣传及贯彻执行，并组织演练，确保在事故现场能及时采取一些有效的急救措施，为进一步救治奠定基础。

任务一 实验室伤害事故处理

一、任务背景

实验室里经常会装配和拆卸玻璃仪器装置、接触高温装置或腐蚀性试剂，如果操作不当，往往会造成割伤、烫伤或化学灼伤等意外伤害。所以师生不仅应该按照要求规范实验操作，还要掌握常见伤害的应急救护方法。

二、任务描述

1. 某同学在组装玻璃仪器时，需要将玻璃管塞到橡胶塞中，由于玻璃管没有提前润滑，用力过大导致玻璃管破碎，割伤右手，由于伤势较轻，先进行紧急处理。

2. 某同学在进行蒸馏操作时，不小心碰到装置加热区域，手指很快变红，因伤势较轻，先进行紧急处理。

3. 某同学在使用浓硫酸进行实验操作时，不小心溅到手部皮肤上，伤势较轻，先进行紧急处理。

三、任务分组

<table>
<tr><td>班级</td><td></td><td>组号</td><td></td><td>指导老师</td><td></td></tr>
<tr><td>组长</td><td></td><td>学号</td><td colspan="3"></td></tr>
<tr><td rowspan="4">组员</td><td>姓名</td><td>学号</td><td>姓名</td><td colspan="2">学号</td></tr>
<tr><td></td><td></td><td></td><td colspan="2"></td></tr>
<tr><td></td><td></td><td></td><td colspan="2"></td></tr>
<tr><td></td><td></td><td></td><td colspan="2"></td></tr>
<tr><td>任务分工</td><td colspan="5"></td></tr>
</table>

四、获取信息

引导问题 1: 实验室常见意外伤害的类型有哪些?

____

____

五、工作计划

引导问题 2：实验室割伤的应急救护方法有哪些?

____

____

小提示：

（1）医用双氧水　可杀灭肠道致病菌、化脓性球菌，一般用于物体表面消毒。双氧水具有氧化作用，医用双氧水浓度等于或低于3%，擦拭到创伤面，会有灼烧感、表面被氧化成白色，用清水清洗一下就可以了，过 3 ~ 5min 就恢复原来的肤色。使用双氧水消毒的时候会有白色的小气泡产生，这是因为当它与皮肤、口腔和黏膜的伤口、脓液或污物相遇时，立即分解生成氧。这种尚未结合成氧分子的氧原子，具有很强的氧化能力，与细菌接触时，能破坏细菌菌体，杀死细菌。

（2）碘伏　碘伏是单质碘与聚乙烯吡咯烷酮（povidone）的不定形结合物。聚乙烯吡咯烷酮可溶解分散 9% ~ 12% 的碘，此时呈现紫黑色液体。但医用碘伏通常浓度较低(1% 或以下)，呈现浅棕色。

碘伏具有广谱杀菌作用，可杀灭细菌繁殖体、真菌、原虫和部分病毒。在医疗上用作杀菌消毒剂，可用于皮肤、黏膜的消毒，也可处理烫伤、皮肤霉菌感染等。

由于碘伏与酒精相比，碘伏引起的刺激疼痛较轻微，易于被病人接受，而且用途广泛、效果确切，基本替代了酒精、红汞、碘酒、紫药水等皮肤黏膜消毒剂。此外，低浓度碘伏是淡棕色溶液，不易污染衣物。

（3）创可贴　是一长形胶布，中间附以浸过药物的纱布，用来贴在伤口处从而起保护伤口，暂时止血，抵抗细菌再生，防止伤口再次损伤的作用。是医院、诊所、家庭中最常用的急救必备医疗用品。

引导问题 3：查阅资料，个人提出实验室轻度烫伤的应急救护方法。

______

______

______

小提示：

烫伤膏适用于烧伤、烫伤皮肤修复，初烫伤时，立即涂抹可减轻烧烫对皮肤的损害度，有效避免疤痕生成，有的产品还具有抑菌等作用。

引导问题 4：查阅资料，个人提出实验室硫酸试剂伤害的应急救护方法。

______

______

小提示：

浓硫酸溅到皮肤上，要在相应的处理后涂抹 3% ～ 5% 的碳酸氢钠溶液。中和剂太浓会导致中和剂本身的腐蚀或反应太过剧烈而导致更严重的烧伤。

六、进行决策

引导问题 5：小组讨论，确定小组的实验室割伤的应急救护方法。

______

______

引导问题 6：小组讨论，确定小组的实验室轻度烫伤的应急救护方法。

______

______

引导问题 7：小组讨论，确定小组的实验室硫酸试剂伤害的应急救护方法。

______

______

______

七、工作实施

请练习实验室安全 3D 仿真软件中实验室伤害事故处理模块。（得分：　　　）

八、评价反馈

项目名称	评价内容	满分	评价			综合得分
			自评	互评	师评	
职业素养（40%）	积极参加教学活动，按时完成学生工作活页	20				
	团队合作、与人交流能力	20				
专业能力（60%）	正确操作软件中实验室伤害事故处理模块	40	/	/	/	
	其他任务完成情况	20				

知识点提示

化学实验室的割伤主要是由玻璃仪器或玻璃管的破碎引起的。由玻璃片造成的外伤，首先必须除去碎玻璃片，如果为一般轻伤应及时挤出污血，并用消过毒的镊子取出玻璃碎片，从防护用品柜中取出急救药箱，用医用双氧水冲洗伤口表面的血迹，涂上碘酒，再用创可贴或绷带包扎；如果为大伤口，应立即捆扎靠近伤口部位 10cm 处压迫止血，可平均半小时左右放松一次，每次 1min，再捆扎起来，使伤口停止流血，急送医务室就诊。

实验室烫伤处理要点是，快步走到洗手池前，打开水龙头冲洗烫到的皮肤，尽快让受伤局部降温并减少进一步伤害，从防护用品柜中取出急救药箱，用棉签蘸取烫伤膏擦拭伤口。

实验室浓硫酸等腐蚀性试剂灼伤皮肤的处理要点是，快步走到洗手池前，打开水龙头冲沾染硫酸的皮肤，稀释硫酸、带走产生的热量并减少进一步伤害，从防护用品柜中取出急救药箱，用棉签蘸取 3% ～ 5% 碳酸氢钠溶液擦拭伤口。

任务二
试剂溅入眼睛或沾染工作服的应急处置

一、任务背景

实验中因操作不慎或没戴防护用品，将酸碱溅到眼内。溅入眼内酸碱物质的量不多，或酸碱的浓度不大及与这些物质接触的时间短，一般只引起角膜和结膜浅层的损伤。病人眼睛虽然又红又痛，视力也受影响，但只要经过及时和正确的治疗，控制感染，几天后就可痊愈。反之，要是酸碱浓度大、数量多、存留在眼内时间长，又没有及时冲洗，后果是非常严重的。因强碱强酸所接触的组织坏死、脱落，最后瘢痕形成，组织收缩而畸形，并严重影响视力。

二、任务描述

1. 某同学用浓盐酸配制 1mol/L 的标准溶液，洗涤烧杯时盐酸溅入眼睛。讨论并确定试剂溅入眼睛的应急处理方法。

2. 某同学配制氢氧化钠标准溶液时，用去离子水对饱和溶液进行稀释，由于搅拌方式不正确，打翻了烧杯，氢氧化钠溶液溅到胸口和袖子上，讨论并确定紧急处理方法。

三、任务分组

班级		组号		指导老师	
组长		学号			
组员	姓名	学号	姓名	学号	
任务分工					

四、获取信息

引导问题 1：说出实验室洗眼器的用途、使用方法和注意事项。

引导问题 2：说出实验室紧急喷淋的用途、使用方法和注意事项。

五、工作计划

引导问题 3：个人提出实验室使用盐酸，不慎溅入眼睛时处置的方案。

小提示：

立即提起眼睑，用大量流动清水（如使用洗眼器）彻底冲洗。若毒物与水能发生作用，如生石灰、电石等，则先用沾有植物油的棉签或干毛巾擦去毒物，再用水冲洗。冲洗时忌用热水，以免增加毒物吸收。

引导问题 4：个人提出实验室配制氢氧化钠溶液，不慎沾染工作服时处置的方案。

小提示：

立即脱去被污染衣物，用大量流动清水（如使用紧急喷淋）彻底冲洗。若毒物与水能发生作用，如浓硫酸等，则先用干布或毛巾擦去毒物，再用水冲洗。冲洗时忌用热水，以免增加毒物吸收。

六、进行决策

引导问题 5：小组内讨论每个同学的方案，确定小组的最终处理盐酸试剂溅入眼睛方案。

____

____

引导问题 6：小组内讨论每个同学的方案，分析优劣，综合每位同学的意见，确定小组的最终处理试剂沾染皮肤和工作服方案。

____

七、工作实施

请练习实验室安全 3D 仿真软件中试剂溅入眼睛模块。（得分：　　　　）

请练习实验室安全 3D 仿真软件中试剂沾染衣物模块。（得分：　　　　）

八、评价反馈

项目名称	评价内容	满分	评价			综合得分
			自评	互评	师评	
职业素养（40%）	积极参加教学活动，按时完成学生工作活页	20				
	团队合作、与人交流能力	20				
专业能力（60%）	正确操作软件中试剂溅入眼睛和沾染衣物两个模块	40	/	/	/	
	其他任务完成情况	20				

知识点提示

存在可能受到化学和生物伤害的实验区域，需配置紧急喷淋和洗眼装置，走廊和水池旁有显著引导标识。

一、使用方法

① 洗眼器可用于眼部、面部紧急冲洗。取下洗眼器防尘盖，只要用手轻推手推阀，清洁水就会自动从洗眼喷头喷出来，用后须将手推阀复位并将防尘盖复位。

② 紧急喷淋用于全身淋洗。受伤者站在喷头下方，拉下阀门拉手，喷淋之后立即上推阀门拉手使水关闭。

二、注意事项

① 紧急喷淋装置水管总阀处常开状态，喷淋头下方无障碍物，不能以普通淋浴装置代替紧急喷淋装置。

② 洗眼装置接入生活用水管道，水量水压适中（喷出高度为 8 ～ 10cm），水流畅通平稳。

③ 紧急喷淋装置和洗眼器只是用于紧急情况下，暂时缓解有害物质对眼睛和身体的进一步侵害，不能代替医学治疗，冲洗后情况较严重的必须尽快到医院进行治疗。

任务三 实验室试剂洒出应急处置

一、任务背景

实验室危险化学品比如浓酸和浓碱具有很强的腐蚀性，如果洒出会对实验室人员造成伤害和对环境造成污染，需要科学的方法进行应急处置。

二、任务描述

某同学在通风橱中取用浓硫酸时，不慎将浓硫酸洒到台面上，请设计应急处置的方案。

三、任务分组

班级		组号		指导老师	
组长		学号			
组员	姓名	学号	姓名	学号	
任务分工					

四、获取信息

引导问题 1: 实验室浓酸洒出的无害化处置方法是什么？

____

____

引导问题 2：实验室浓碱洒出的无害化处置方法是什么？

____

____

五、工作计划

引导问题 3：查阅资料，个人提出在实验室通风橱使用硫酸，不慎洒到台面时处置的方案。

____

____

六、进行决策

引导问题 4：小组内讨论每个同学的方案，确定小组的最终处理硫酸洒到台面的方案。

____

____

七、工作实施

请练习实验室安全 3D 仿真软件中试剂洒出模块。（得分：　　　）

八、评价反馈

项目名称	评价内容	满分	评价			综合得分
			自评	互评	师评	
职业素养（40%）	积极参加教学活动，按时完成学生工作活页	20				
	团队合作、与人交流能力	20				
专业能力（60%）	正确操作软件中试剂洒出模块	40	/	/	/	
	其他任务完成情况	20				

知识点提示

① 操作要点提示：穿戴好个人防护用品，将碳酸氢钠溶液洒到浓硫酸上进行中和，然后再洒上水进行稀释，最后用抹布和废液桶进行收集，统一处理。

② 浓碱洒在实验台上，先用稀乙酸中和，然后再洒上水进行稀释，最后用抹布和废液桶进行收集，统一处理。

任务四　水银温度计破碎应急处置

一、任务背景

汞俗称水银，在常温下汞逸出蒸气，吸入体内会使人受到严重毒害。若在一个不通风的房间内，有汞直接暴露于空气中，就有可能使空气中汞蒸气超过安全浓度，从而引起中毒。当实验室温度计破碎时，需要科学的方法进行应急处置。

二、任务描述

某同学在实验过程中不小心将水银温度计打碎，出现水银泄漏现象，请设计应急处置的方法。

三、任务分组

班级		组号		指导老师	
组长		学号			
组员	姓名	学号	姓名	学号	
任务分工					

四、获取信息

引导问题 1：实验室汞对人体和环境的危害有哪些？

引导问题 2：实验室汞的无害化处置方法是什么？

五、工作计划

引导问题 3：个人提出在实验室温度计破碎导致汞泄漏时处置的方案。

六、进行决策

引导问题 4：小组讨论，确定实验室温度计破碎导致汞泄漏时处置的方案。

小提示：

处理要点是，打开实验室排风系统开关；在防护用品柜处，戴好手套和口罩；用硬纸板聚拢水银液滴；使用注射器吸取水银；用镊子夹取碎玻璃放到利器盒中；向利器盒中加适量的水形成液封；拿取硫黄粉试剂瓶，把硫黄粉洒在水银泄漏处，和水银发生反应 2 ~ 3h；拿取刷子，用刷子把硫黄粉刷到纸上；取大密封袋，把利器盒、注射器等放入袋中密封，贴上标签，统一处理；最后关闭实验室排风系统。

七、工作实施

请练习实验室安全 3D 仿真软件中温度计破碎模块。（得分：　　　　）

八、评价反馈

项目名称	评价内容	满分	评价			综合得分
			自评	互评	师评	
职业素养（40%）	积极参加教学活动，按时完成学生工作活页	20				
	团队合作、与人交流能力	20				
专业能力（60%）	正确操作软件中温度计破碎模块	40	/	/	/	
	其他任务完成情况	20				

知识点提示

汞的安全使用必须严格遵守以下规定：

① 汞要储存在厚壁的玻璃器皿或瓷器中。用烧杯临时盛汞时不可多装，以防烧杯破裂。

② 汞不能直接暴露在空气中，储汞的容器内应盛有水或用其他液体覆盖。

③ 装汞的仪器下面要放置盛有水的瓷盘，防止汞滴散落到桌面或地面上。

④ 一切转移汞的操作，都应在瓷盘内（盘内装水）进行。

⑤ 若汞掉落在桌面或地面上，应先用吸管或真空吸尘设备尽可能将汞滴收集起来，然后用硫黄粉覆盖在汞溅落的地方，并摩擦使之生成 HgS。也可用锌粉覆盖形成锌汞齐。

⑥ 擦过汞或汞齐的滤纸必须放入有水的容器内，最好还应在水面上覆盖硫黄粉。

⑦ 盛汞的器皿或有汞的仪器应远离热源。严禁把有汞的仪器放进烘箱。

⑧ 使用汞的实验室应有良好的通风设备，且要有下通风口。纯化汞的操作要在专用实验室进行。

⑨ 手上若有伤口，切勿接触汞。

⑩ 长期在有汞的环境中工作，要定期检查身体。

参考文献

[1] 姜文凤，刘志广．化学实验室安全基础．北京：高等教育出版社，2019.

[2] 北京大学化学与分子工程学院实验室安全技术教学组．化学实验室安全知识教程．北京：北京大学出版社，2012.

[3] 乔亏，汪家军，付荣．高校化学实验室安全教育手册．青岛：中国海洋大学出版社，2018.

[4] 秦静．危险化学品和化学实验室安全教育读本．北京：化学工业出版社，2020.

[5] 李辉，曹静，张洋铭．实验室安全手册．北京：化学工业出版社，2022.

[6] 吕明泉．化学实验室安全操作指南．北京：北京大学出版社，2020.

[7] 王鹤茹．化学实验室安全基础与操作规范．武汉：武汉大学出版社，2022.

[8] 陈连清．化学实验室安全．北京：化学工业出版社，2023.

[9] 郭明星，曹宾霞．化学实验室安全基础．北京：化学工业出版社，2023.

[10] 曹静，陈星，孙圣峰．化学实验室安全教程．北京：化学工业出版社，2023.